In der Einsamkeit der See,
Tief verborgen vor der Menschen Eitelkeit
Und des Lebens Stolz, der sie plante, ruht sie still.

Über die Spiegel, bestimmt
Für die Wohlhabenden,
Windet sich der Meereswurm – grotesk, schleimig, stumm, achtlos.

Düstere, mondäugige Fische
Blicken auf die vergoldeten Teile,
Als fragten sie: „Und was soll dieser Dünkel hier unten?"

Aus dem Gedicht „The Convergence of the Twain",
das Thomas Hardy (1840–1928) anlässlich des Untergangs
der *Titanic* 1912 schrieb

DIE LETZTEN GEHEIMNISSE DER »TITANIC«

Tauchfahrten in 4000 Meter Tiefe

VON DON LYNCH UND KEN MARSCHALL

Mit einem Vorwort von James Cameron

GEO

Ein Madison Press Buch produziert für GEO

Copyright für Umschlag und Gestaltung der Originalausgabe von „Ghosts of the Abyss"

Übersetzung aus dem Amerikanischen und Lektorat: Peter Bier
Schlussredaktion: Gabriela Strobel, Hinnerk Seelhoff
Gruner + Jahr AG & Co KG, Hamburg
Ein Madison Press Buch produziert für GEO
ISBN 3-570-19428-0

Druck und Bindung: EuroGrafica S.p.A., Vicenza, Italien

Die deutsche Bibliothek – CIP-Einheitsaufnahme

Lynch, Don und Marschall, Ken: Die letzten Geheimnisse der Titanic – Tauchfahrten in 4000 Meter Tiefe
Aus dem Amerikanischen von Peter Bier
Verlag Gruner + Jahr AG & Co KG, Hamburg 2003

Seite 1: Neben einem Speisesaalfenster schwimmt ein so genannter »Rattenschwanz« aus der Familie der Dorsche

Seite 2: letzter Zeuge auf der Brücke - der Telemotor für das Steuerrad

Seite 3: geisterhafter Anblick des Bugs

Seite 4: Einer der Davits für das Rettungsboot 1 hat sich an Deck gehalten

Seite 5: Passagiere der Zweiten Klasse an der Reling vom Achterdeck A am 11. April 1912

Seite 6: der stark angerostete Backbord-Anker der *Titanic*

Seite 7: Die Scheinwerfer des Tauchboots erfassen das Promenadendeck A

GEO

INHALT

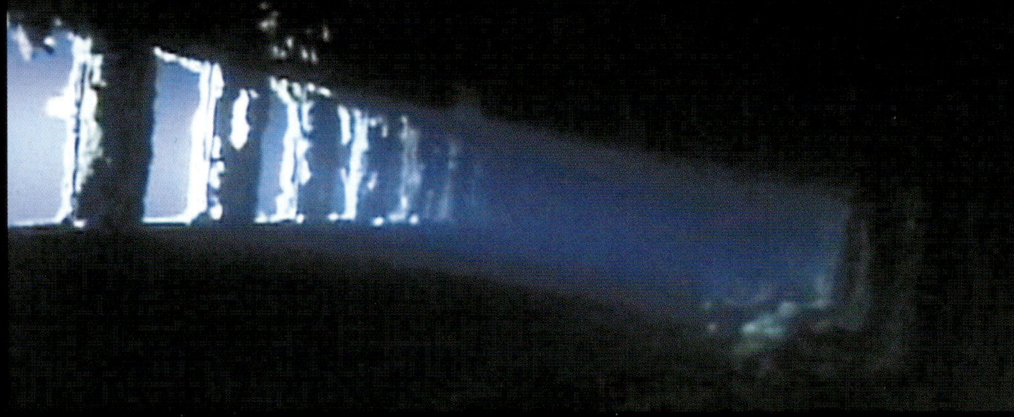

Vorwort

INS HERZ der *TITANIC*

Es gibt nach meiner Überzeugung zwei Männer, den Illustrator Ken Marschall und den Autor Don Lynch, die mehr als alle anderen mit ihrer Arbeit zur Aufklärung der Umstände beim Untergang der *Titanic* beigetragen und unsere Vorstellung von dieser Katastrophe geprägt haben. Kens beglückender Kunstsinn und seine unvergleichlich gute Kenntnis des Schiffes einerseits, sowie Dons umfassendes Wissen über die Menschen an Bord – Besatzung wie Passagiere – andererseits machen die beiden auf diesem Gebiet zu führenden Autoritäten.

Deshalb bat ich sie schon damals, 1995, für meinen Film *Titanic* als Berater zur Verfügung zu stehen. Ihre Hilfe war schon bald unverzichtbar, und im Verlauf der Dreharbeiten wurden wir Freunde. Weshalb ich sie, als ich 2001 mit den Vorbereitungen für eine erneute Expedition zur *Titanic* begann, unbedingt wieder dabeihaben wollte. 1995 war es mir allein um Bilder des Wracks von außen gegangen. Diesmal wollte ich mit ferngesteuerten Kamerarobotern das Innere des Schiffes gründlich erkunden. Mit Dons Unterstützung konnte es vielleicht gelingen, Kabinen

genau zu identifizieren, sie bestimmten Passagieren zuzuordnen und Entdeckungen mit der Kamera richtig zu interpretieren. Er kannte schließlich die auch historisch interessantesten Ziele an Bord. Und Ken sollte sein Wissen nutzen, um die Routen der Miniroboter entlang der Decks und durch die Gänge ins Innere zu planen.

Nach unseren ersten Treffen war mir klar, dass der Sachverstand der beiden für die Expedition von unschätzbarem Wert sein würde. Ich schlug ihnen deshalb vor, mitzukommen. Und ich bin dankbar, dass sie meiner Einladung gefolgt sind. „Ghosts of the Abyss", der Dokumentarfilm über die Expedition von 2001, zeigt, wie wichtig sie für das Unternehmen waren. Ohne sie hätten wir es nie geschafft.

Paradoxerweise zeigte zunächst weder Ken noch Don sonderliches Interesse daran, selber einmal hinab zum Wrack zu tauchen. Vielen Menschen macht allein schon die Vorstellung zu schaffen, 16 Stunden lang in einer Stahlkapsel von knapp zwei Meter Durchmesser eingesperrt zu sein, auf der ein Druck von 400 Atmosphären lastet, während sie sich im Schneckentempo durch die Dunkelheit über den Ozeanboden vortastet, gelenkt nach Ultraschall, ohne Sicht. So etwas ist nichts für Leute mit schwachen Nerven. Bedenkt man außerdem die kräftige Strömung in der Umgebung des Wracks, die die Kapsel gefährlich ins Trudeln bringen kann, oder die Stahltrümmer, in denen sich das Mini-U-Boot wie in einer Falle verheddern kann, lässt sich gut nachvollziehen, warum kaum jemand mit Verstand nach reiflicher Überlegung solch ein Risiko auf sich nimmt.

Aber im Laufe der Expedition fiel mir doch auf, dass Don und Ken sich immer stärker für das Tauchen interessierten. Auch war mir klar, wie sehr es sie reizen musste, das Schiff einmal aus nächster Nähe zu sehen. Nach einer Woche war es so weit: Sie wagten den Sprung ins kalte Wasser – buchstäblich. Ken tauchte schließlich viermal zur *Titanic*, Don zweimal. Sie erwiesen sich sogar als richtig abgebrühte Taucher, geschickt in der Navigation und Kommunikation unter Wasser. Sie haben mir bei den komplizierten Arbeiten am Meeresgrund großartig geholfen.

Kens Orientierungssinn ist unheimlich. Einmal bat ich ihn, während ich den Roboter Jake auf dem D-Deck steuerte, mir mit den Scheinwerfern des anderen Tiefseeboots durch ein ganz bestimmtes Bullauge, etwa D-35 Steuerbord, ins Innere zu leuchten. Wenige Minuten später strahlte es tatsächlich, hell wie die Sonne, genau durch die gewünschte Luke. Wunderbar – es war wie im Kino!

Mit Don zu tauchen, war ebenfalls eine großartige Erfahrung. Wir mussten uns nur ein Bullauge ansehen oder einen der Davits oder einen bestimmten Platz an Deck – er konnte aus dem Stegreif erzählen, was an genau der Stelle geschehen war. Don kannte die Geschichte jedes Passagiers und jedes Mitglieds der Besatzung.

Seite 8–9: So hat Ken Marschall die Szene auf dem Meeresboden gemalt: Die *Titanic* wird vom »Medusa«-Lichtsystem angestrahlt, während zwei *Mir*-Tauchboote das Vorschiff erforschen. Seite 10, linkes Foto: Ken Marschall weist James Cameron (links) am Modell des Wracks auf ein wichtiges Detail hin. Foto rechts: Marschall, Cameron (v. l.) sowie Don Lynch (ganz rechts) besprechen mit der Crew einen Tauchgang

Dieses Wrack in einer solchen befremdlichen Umgebung im Beisein von zwei Experten erforschen zu können, deren Sachkenntnis die Vergangenheit wieder lebendig werden ließ, war für mich der Höhepunkt der Expedition.

Für Don muss es überwältigend gewesen sein, jenes Schiff zum ersten Mal unmittelbar zu erleben, das seine Arbeit und Gedanken seit Jahrzehnten beherrscht hat. Und Ken fand sich in seiner kühnsten Fantasie bestätigt.

Gemeinsam gelang es uns, viele Innenräume des Wracks zu inspizieren – manche aber blieben unerreichbar. Mithilfe der speziell entwickelten Roboter konnten wir uns ein Bild von Orten machen, die nie zuvor fotografiert worden waren. Denn Anfang April 1912 konnte sich kein Mensch vorstellen, dass die *Titanic* schon nach wenigen Tagen nicht mehr existieren würde. Man glaubte, alle Zeit der Welt zu haben, das prächtige Schiff zu fotografieren. Als die *Titanic* sank, riss sie zahllose Geheimnisse mit sich in die Tiefe. Doch dank der Analyse der neuen Bilder durch Ken und Don erfuhren wir Neues über Aufbau und Ausstattung des Luxusdampfers und den Ablauf der Unglücksnacht.

Als sich die Flugzeugattentate vom 11. September 2001 ereigneten, befand ich mich mit Ken und Don gerade auf dem Meeresboden bei der *Titanic*. Nach der Rückkehr war uns, als wären wir in einer anderen Welt wieder aufgetaucht. Einsam und isoliert fühlten wir uns dort draußen, mitten im Atlantik, Hunderte von Meilen weit weg von der unvorstellbaren Tragödie zu Hause, getrennt von Familien und Freunden. Aber sie brachte uns an Bord einander näher. Das werden wir nicht vergessen, solange wir leben.

Mit dem Angriff vom 11. September sahen wir unsere Arbeit in einem neuen Licht: Hier draußen durchstöberten wir gerade die Überreste des schlimmsten Unglücks des frühen 20. Jahrhunderts, während daheim die größte Katastrophe des neuen Jahrhunderts stattfand. Die Untersuchung des *Titanic*-Wracks erschien uns plötzlich sinnlos und trivial – doch sie gewann in den Tagen danach neue Bedeutung. Die Arbeit half uns, über Unglück und Verlust zu sprechen, über Schock und Gefühlsstarre nach Ereignissen wie diesen beiden. Die *Titanic*-Tragödie lag weit zurück. Aber indem wir uns mit ihr beschäftigten, wurde uns stärker bewusst, verstanden wir besser, was die Attentate für unser Leben bedeuteten. Vielleicht macht eben dies die fortdauernde Faszination der *Titanic* aus: Eine solche Tragödie bündelt Geschichten von Verlust und Tod, Heldentum und Feigheit. Sie berührt das ganze Spektrum menschlicher Reaktionen, vor, während und nach einer Krise. Als Lehrstück der Geschichte wird sie den Menschen nah bleiben. Ihr Mythos wird die Zeiten überdauern.

Unter denen, die die Erinnerung an die *Titanic* mit ihrer Arbeit wach halten, zählen Ken Marschall und Don Lynch zu den Bedeutendsten. Ihr Buch schreibt die Geschichte eines legendären Schiffes fort. *James Cameron*

Liegeplatz 44 im Hafen Southampton – heute und am 10. April 1912, beim Start der *Titanic* (rechte Seite)

Erstes Kapitel

Ablegen zur Jungfernfahrt

Der Zweite Offizier Charles Lightoller suchte kurz Halt, als ihn eine heftige Böe fast umblies. Es war der Tag der Abfahrt – der 10. April 1912 –, und auf dem Königlichen Postdampfer *Titanic* herrschte geschäftiges Treiben: Es wimmelte auf den Decks von Matrosen, Offizieren und Lieferanten, die letzte Vorbereitungen für die Jungfernfahrt von Southampton nach New York trafen. Bis eben noch waren Teppiche verlegt und Kabinen dekoriert worden. Der Geruch von frischer Farbe durchzog das Schiff. Gleichwohl betrachtete Lightoller die Szene leicht genervt. Bevor das 46 328 Bruttoregistertonnen schwere Schiff ablegen konnte, stand ihm noch eine Inspektion des scharfsichtigen Captain Maurice Clarke von der Emigrationsabteilung des Handelsministeriums bevor. Es war Clarkes Aufgabe sicherzustellen, dass das Schiff für den Transport von Emigranten geeignet war, und er hatte den Ruf, pingelig zu sein. An der Inspektion sollte auch Benjamin Steel teilnehmen, Southamptons Marinesuperintendent für die „White Star Line", ein normalerweise umgänglicher Mann, bei Kontrollen eher großzügig. Bei Clarke allerdings musste man darauf gefasst sein, dass er alle Rettungsringe hervorholen ließ und darauf bestand, die Rettungsboote abdecken und seeklar machen zu lassen. Es hatte sich auch herumgesprochen, dass er eine Übung mehrfach wiederholen ließ, wenn er beim ersten Mal nicht zufrieden war.

Die *Titanic* war in 16 wasserdicht abzuschottende Sektoren aufgeteilt, getrennt durch elektrisch verschließbare Tore. Wurde die Schiffshaut beschädigt, schloss man einfach diese Tore, damit kein Meerwasser die übrigen Sektoren flutete. Aber Lightoller wusste, dass kein Schiff perfekt war und selbst bei diesem Meisterwerk englischer Ingenieurskunst eine Menge schief gehen konnte.

Während Clarke und Steel um 8 Uhr die Musterung der Matrosen und Stewards beobachteten, biss sich Lightoller auf die Lippen und hoffte das Beste. Nach der Musterung sollte die Mannschaft noch mal kurz an Land gehen dürfen, für einen letzten Schluck im Pub vor dem Ablegen. An Bord war ihr Alkohol strengstens untersagt.

Unter den Augen von Clarke und Steel begab sich eine Gruppe Matrosen nach Steuerbord. Sie ließen zwei Rettungsboote an den Stahl-Davits, kleinen schwenkbaren Kränen, zu Wasser. Der Fünfte Offizier Harold Lowe und der Sechste Offizier James Moody stiegen mit jeweils acht Mann in ein Boot und ließen sich zwanzig Minuten lang durch den

Sonderzüge brachten Passagiere von der Waterloo Station in London (links außen) nach Southampton, zur *Titanic*. Daneben das Erste-Klasse-Ticket von Pastor J. Stuart Holden, der die Reise kurzfristig stornierte – was ihm vermutlich das Leben rettete

Hafen rudern, bevor die Boote wieder eingeholt wurden. Üblicherweise ließen die Inspektoren dabei immer auch die Segel setzen. Steel erklärte später, man habe sich wegen des böigen Wetters diesmal damit begnügt, nur die Ruder und die Ruderfähigkeit der Matrosen zu überprüfen.

Zur Inspektion war auch Thomas Andrews erschienen, der Technische Direktor und Chefkonstrukteur von Harland & Wolff, der Belfaster Werft, die die *Titanic* gebaut hatte. An diesem Tag war er um 6 Uhr eingetroffen; im Dock hatte er immer schon früh um vier nach dem Rechten gesehen und dabei stets eine farbverschmierte Melone auf dem Kopf getragen. Clarke und Steel kehrten nach der Inspektion an Land zurück, Andrews aber blieb. Er wollte die *Titanic* auf ihrer Jungfernfahrt begleiten und darauf achten, was nachgebessert werden musste.

Kurz nach der Inspektion traf an Bord ein Mann mit welligem Haar und einem vollen, gezwirbelten Schnauzbart ein: J. Bruce Ismay, der Generaldirektor der „White Star Line", war am Vortag mit seiner Frau Florence und den drei jüngsten Kindern in seinem Daimler Landaulet aus London angereist. Die Familie sollte in Devonshire und Wales Ferien machen, er selbst aber wollte die Überfahrt auf der *Titanic* nach New York richtig genießen, in einer der beiden exklusiven Suiten mittschiffs mit eigenem Promenadendeck.

Als Chef der „White Star Line" durfte Ismay den Kapitän der *Titanic* auswählen. Und er übertrug diese ehrenvolle Aufgabe an Edward John Smith, mit 62 Jahren der Kommodore und erfahrenste Kapitän der Reederei. Smith stand seit über 30 Jahren in Diensten von „White Star", die letzten 25 Jahre führte er einige ihrer prachtvollsten Schiffe. Lightoller beschrieb Smith später als stattlichen Mann mit einem Vollbart, angenehm ruhiger Stimme und immer gleichem Lächeln. Smith war bei der Besatzung ebenso beliebt wie bei der wohlhabenden Klientel unter den Passagieren. So ungezwungen, wie er mit den Reichen und Berühmten umging, galt er lange schon als „Kapitän der Millionäre". Das Kommando auf der *Titanic* sollte Höhepunkt und glanzvoller Abschluss seiner Karriere werden. Nach der Heimkehr wollte er sich in England zur Ruhe setzen.

Gegen 10 Uhr kamen die ersten Passagiere an Bord. Die Aufregung war groß, und es gab viel Durcheinander. Die meisten fanden sich nur nach langem Herumirren auf der riesigen, fast 270 Meter langen *Titanic* zurecht. Reisende der Zweiten Klasse hatten an diesem Tag Zutritt zu den Gesellschaftsräumen der Ersten Klasse. Viele nutzten die Gelegenheit, im Luxus und Glanz der ihnen sonst verwehrten Decks zu schwelgen, staunten über den Salon, der an das Schloss von Versailles erinnerte, die prächtige vordere Freitreppe, die schwungvoll über vier Etagen hinunter in einen weiß getäfelten Empfangssaal mit Korbsesseln führte, und erst der Speisesaal mit seinen eleganten bleiverglasten Fenstern!

Die »White Star«-Dampfer *Titanic* und *Olympic* waren zu ihrer Zeit konkurrenzlos, was die Räumlichkeiten und den Luxus der Ersten Klasse betraf, etwa den Salon (oben) im Stil Louis' XV., die türkischen Bäder und das Schwimmbad (links). Im Vergleich dazu mutet der Salon der Dritten Klasse (rechts) spartanisch an. Er bot aber weit mehr Komfort, als ihn Passagiere dieser Klasse auf anderen Schiffen erlebten

Weiter achtern auf den oberen Decks befanden sich das Café Parisien und der Rauchersalon der Ersten Klasse. Tiefer gelegen, über den Heizkesseln im Vorschiff, gab es die türkischen Bäder und ein Schwimmbad, erst das zweite, das je auf einem Ozeandampfer gebaut worden war.

Die Zwischendeckpassagiere der Dritten Klasse wurden, bevor man sie an Bord ließ, von einem Gesundheitsinspektor des Handelsministeriums auf Trachom, eine hoch infektiöse Bindehautentzündung, und auf Läuse untersucht, beides ein Grund für sofortige Zurückweisung. Die Reisenden der Zweiten und Ersten Klasse hingegen durften ungehindert an Bord, um im Labyrinth von Gängen und Treppen ihre Kabinen zu suchen. Auf den unteren Decks wurde währenddessen tonnenweise Gepäck aus dem Zubringerzug aus London entladen, das entweder in die Kabinen gebracht oder, falls man die Taschen und Schrankkoffer während der Überfahrt nicht benötigte, gleich in den Frachträumen verstaut wurde.

Um zwölf Uhr mittags begannen sechs Schlepper, die *Titanic* langsam von ihrem Liegeplatz am Kai in das Flüsschen Test Richtung Ärmelkanal zu ziehen. Zuerst sollte sie Kurs auf Cherbourg an der Nordküste Frankreichs nehmen, dann einen kurzen Stopp in Queenstown an der Südküste Irlands einlegen, um schließlich in See zu stechen. Am Pier verfolgte eine riesige Menschenmenge das Spektakel, einige rannten auf der Kaimauer dem sich entfernenden Schiff nach.

Die *Titanic* schwenkte langsam in die schmale Fahrrinne des Flusses Test ein und zog an der *New York* vorbei, einem kleineren Ozeandampfer, der gleich neben der *Oceanic* vertäut war. Plötzlich hatten die Passagiere an Bord der *Titanic* den Eindruck, die *New York* bewege sich auf sie zu. Die Taue, die das Schiff mit der *Oceanic* verbanden, waren zum Zerreißen gespannt. Als beide Schiffe etwa auf gleicher Höhe waren, rissen plötzlich die dicken Haltetrossen mit einem Knall, der wie ein Schuss klang. Die Schaulustigen am Ufer wichen erschreckt zurück. Das Heck der *New York* scherte zur Flussmitte aus, direkt auf die *Titanic* zu. Und während Seeleute auf dem kleineren Schiff rasch Fender an der Bordwand ausrollten, um den drohenden Zusammenprall abzufangen, steuerte einer der kleinen Schlepper vom Bug der *Titanic* zu ihrem Heck und versuchte, ein Tau an der *New York* festzumachen, um sie zurückzuziehen. Gleichzeitig befahl der Lotse George Bowyer auf der *Titanic*, die Backbordschraube anzuwerfen – ein kluges Manöver: Der dadurch erzeugte Wellenschlag brachte das kleine Schiff auf Distanz, der Bug der *New York* schwenkte nach vorn, und ihr Heck glitt knapp an der *Titanic* vorbei. Gerade mal ein Meter hatte zu einem Zusammenstoß gefehlt.

Die *Titanic* stoppte mitten im Fluss, bis das andere Schiff wieder fest vertäut war. Während auf der *New York*, der *Oceanic* und an Land erhebliche Aufregung herrschte, blieben die Menschen auf der *Titanic* erstaunlich gelassen. Deren enorme Größe gab ihnen wohl ein Gefühl der Unverwundbarkeit. Eine halbe Stunde später, als man endlich wieder unterwegs war, sorgte der Zwischenfall für reichlich Gesprächsstoff. Und mancher Passagier äußerte Bedenken wegen der Schwerfälligkeit eines solchen Riesendampfers.

Während der Überfahrt nach Cherbourg war die See im Ärmelkanal auffallend ruhig – ein Vorbote, denn auch an den vier folgenden Tagen, den letzten für das Schiff, blieb der Atlantik geradezu unheimlich sanft.

Da die *Titanic* zu groß war, um Cherbourg anzulaufen, mussten die Reisenden zunächst im Hafen in das „White Star"-Zubringerschiff *Nomadic* steigen. Ein zweites Schiff, die

Rechts: Die *New York* steuert nach der Beinahe-Kollision mit der *Titanic* zu einem provisorischen Liegeplatz. Die *Oceanic* ist links im Bild zu sehen. Unten: die Aufnahme vom Schwesterschiff *Olympic* gibt eine Ahnung davon, wie die *Titanic* am 10. April 1912 ablegte

Links außen: Der elfjährige Jack Odell lehnt an der Reling des vorderen A-Decks, ein Seemann schiebt Wache. Daneben: Passagiere an Backbord sehen zu, wie ein Zubringerboot aus Queenstown längsseits festmacht. Diese irische Hafenstadt (rechte Seite) heißt heute Cobh

Traffic, brachte die Zwischendeckpassagiere. Es dauerte anderthalb Stunden, bis die Fahrgäste und ihr Gepäck an Bord waren, die Wertsachen zahlreicher berühmter Amerikaner eingeschlossen, die nach einer Europareise die Heimfahrt Erster Klasse antraten. Zu ihnen gehörte einer der reichsten Männer Amerikas, John Jacob Astor, der Urenkel des berühmten Pelzhändlers. Astor hatte sein ererbtes Vermögen durch geschickte Immobiliengeschäfte vergrößert. Nach einer schmutzigen Scheidung und der Heirat mit Madeleine Force, einer Frau, die jünger war als sein Sohn aus erster Ehe, hatte sich das frisch gebackene Ehepaar nach Europa „abgesetzt". Nun kehrte Astor mit seiner neuen Ehefrau, die im fünften Monat schwanger war, nach New York zurück. In Cherbourg wurden auch zahlreiche Zwischendeckpassagiere aufgenommen – die meisten aus Südeuropa und eine beträchtliche Anzahl aus Armenien und Syrien.

Um 20.30 Uhr waren die letzten Reisenden an Bord gegangen, und eine Hand voll, die nur den Kanal überqueren wollten, hatten das Schiff verlassen. Die Maschinen der *Titanic* setzten sich rumpelnd in Gang, die Anker wurden gelichtet, und das Schiff nahm langsam Kurs auf seine letzte Zwischenstation – Queenstown in Irland. Mittlerweile hatten viele Passagiere die Speisesäle für ein spätes Dinner aufgesucht. Da es die erste Nacht auf See war und einige Gäste gerade erst eingetroffen waren, galt keine strenge Kleiderordnung. Viele Passagiere, von der langen Anreise und der aufregenden Einschiffung erschöpft, zogen es vor, früh zu Bett zu gehen.

Der nächste Morgen, Donnerstag, der 11. April, brach so kalt und windig an, dass sich kaum jemand an Deck aufhielt. Stattdessen besichtigten viele das Schiff oder genossen den Aufenthalt in den Gesellschaftsräumen. Die Zwischendeckpassagiere hatten zwar weniger öffentliche Säle zur Auswahl, doch man amüsierte sich achterdecks: Eine Gruppe fing mit Seilspringen an, und bald machten viele mit. Die zahlreichen Kinder in der Zweiten Klasse nahmen die geschlossene Promenade des hinteren C-Decks in Beschlag, drei Ebenen unter dem Bootsdeck, und bald ging es dort wie auf einem Spielplatz zu.

Im Laufe des Vormittags lockte der Anblick der nahen irischen Küste die Passagiere an Deck. Der Dampfer ankerte bei Roche's Point vor Queenstown, um Passagiere und Post aufzunehmen. Um 13.30 Uhr begannen die schweren Schiffsschrauben, den Meeresboden an der Hafeneinfahrt aufzuwühlen, und die *Titanic* drehte von Queenstown in Richtung Westen. Nachdem der Lotse von Bord gegangen war, dampfte sie für den Rest des Tages die Südküste Irlands entlang. Dann ließ sie die Insel hinter sich, die langsam in der Dämmerung verschwand. Viele der irischen Auswanderer wussten, dass sie ihre Heimat vermutlich nicht wiedersehen würden.

Die nächsten zwei Tage – Freitag und Samstag – waren klar und sonnig. Die *Titanic* folgte der gewohnten südlichen

Route der Schifffahrt, um Treibeisfeldern und riesigen sowie kleineren Eisbergen, „Growler“ genannt, auszuweichen, die manchmal von Januar bis August von der Arktis aus in Richtung Süden trieben. Auf dem Schiff richteten sich Passagiere und Mannschaft in ihrer neuen Umgebung ein. In der Dritten Klasse vertrieb man sich die Zeit vorwiegend auf dem Freideck. Viele Männer suchten Zerstreuung im Rauchersalon. Das Seilspringen, auf dem Weg nach Queenstown begonnen, wurde nun jeden Tag fortgesetzt, häufig zu Dudelsackmusik. Und einige Kinder hatten entdeckt, dass sich freie Kabinen hervorragend als Spielzimmer eigneten, und zögerten nicht, sich darin einzurichten.

Zahlreiche Eiswarnungen (gegenüberliegende Seite) erreichten die *Titanic*. Doch der Erste Funker Jack Phillips (rechts, außen) und dessen Assistent Harold Bride (rechts) leiteten sie nur zum Teil an die Brücke oder Kapitän Smith (links, außen) weiter. Am Sonntag, dem 14. April, wurde ein Eisfeld voraus gemeldet. Kapitän Smith gab die Nachricht an den Generaldirektor J. Bruce Ismay (links), der sie später einem Passagier zeigte

Die Reisenden der Ersten Klasse hatten eine große Auswahl wunderschöner Gesellschaftsräume zur freien Verfügung, darunter den Salon, den Rauchsalon, das Lese- und das Schreibzimmer, die Veranda, die Palmengärten und den großen Empfangsraum am Fuß der vorderen Freitreppe. In diesem weiß getäfelten Saal konnte man gemütlich Kaffee und Tee trinken oder einem Orchester zuhören.

Mrs. Elizabeth Lines aus Paris zog sich am Samstag, dem 13. April, nach dem Mittagessen hierhin zurück und bestellte Kaffee. Kurz danach traten Kapitän Smith und Bruce Ismay ein und nahmen ganz in ihrer Nähe Platz. „Na schön, wir waren heute schneller als gestern", hörte sie Ismay zu Smith sagen. „Und morgen werden wir noch schneller sein. Alles läuft glatt. Die Maschinen haben sich bewährt, die Dampfkessel funktionieren." Smith nickte. Dann schlug Ismay mit der Faust auf die Armlehne des Sofas und verkündete: „Wir werden die *Olympic* übertreffen und New York bereits am Dienstag erreichen."

Am Sonntag, dem 14. April, hielt Kapitän Smith nach dem Frühstück den anglikanischen Gottesdienst im Speisesaal der Ersten Klasse, in der Zweiten Klasse tat dies der Zweite Zahl-

Die Raucherzimmer waren den Männern vorbehalten. Dort lagen versilberte Aschenbecher und Streichholzhalter (rechts, unten) aus. Die dunkle Mahagoni-Verkleidung mit Perlmutt-Einlagen, der offene Kamin und die komfortablen Lederarmsessel im Rauchsalon der Ersten Klasse (oben, links) bildeten einen deutlichen Kontrast zur nüchternen Einrichtung in der Dritten Klasse (oben, rechts)

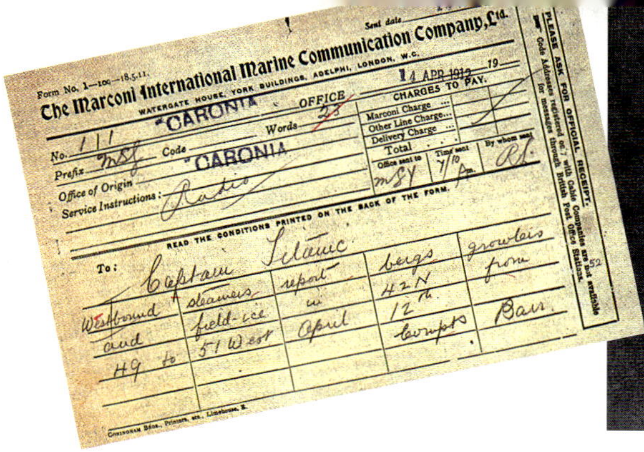
The Marconi International Marine Communication Company, Ltd.

CARONIA

To: Captain Titanic

Westbound steamers report bergs growlers and field-ice in 42 N from 49 to 51 West April 12th. Compts Barr

meister Reginald Barker. Für die Katholiken an Bord las Pater Thomas Byles, ein Passagier der Zweiten Klasse, zunächst im Salon die Messe, danach, zusammen mit einem weiteren Geistlichen, auch in der Dritten Klasse.

Im Marconi-Funkraum auf dem Bootsdeck konnten die beiden Funker, der 25-jährige Jack Phillips und der 21-jährige Harold Bride, von einem freien Sonntag nur träumen. Sie waren schwer damit beschäftigt, private Post abzuarbeiten, die Passagiere abgegeben hatten. Die drahtlose Telegrafie steckte noch in den Kinderschuhen, und zahlreiche Reisende wollten die neue Kommunikationstechnik ausprobieren.

Zu diesem Zeitpunkt waren auf dem Schiff bereits mehrere Eiswarnungen eingegangen. Am frühen Nachmittag zeigte Kapitän Smith dem Zweiten Offizier Lightoller auf der Brücke einen kurz zuvor empfangenen Funkspruch des „Cunard"-Liners *Caronia,* in dem von Eisbergen und Treibeisfeldern voraus die Rede war. Erleichtert dachte Lightoller noch, dass die *Titanic* das Eis nicht während seiner Wache von 18 bis 22 Uhr erreichen würde. Seiner Einschätzung nach würde es gegen 23 Uhr so weit sein.

Um 13.40 Uhr warnte auch die *Baltic,* ein Schiff der „White Star Line", vor Treibeis und gab die Koordinaten durch. Außerdem leitete sie einen Notruf des deutschen Tankers *Deutschland* weiter, dessen Kohlevorräte knapp wurden und der um Schlepphilfe bat. Statt die Mitteilung für seine Offiziere auszuhängen, steckte Smith sie einfach ein. Als er das A-Deck entlangschlenderte, traf er Bruce Ismay im Gespräch mit George und Eleanor Widener. George Wideners Vater war der wohlhabendste Mann von Philadelphia und Direktor der „International Mercantile Marine", der Muttergesellschaft der „White Star Line". Später behauptete Ismay, Smith habe ihm den Funkspruch wortlos überreicht, allerdings plauderte er kurze Zeit später mit dem Vizepräsidenten der Pennsylvania Railroad, John B. Thayer, und dessen Frau Marian darüber, dass man vermutlich gegen 21 Uhr das erste Eis erreichen werde – was er nur schwerlich wissen konnte, hätte Smith es ihm nicht gesagt.

Tatsächlich war Kapitän Smith derart besorgt, dass er einen Wechsel auf einen südlicheren Kurs befahl. Dass er seine Entscheidung mit Bruce Ismay abgesprochen hatte, ist eher unwahrscheinlich. Für gewöhnlich steuerten Schiffe während des Frühlings Richtung Südwest, bis sie die Koordinaten 42 Grad nördlicher Breite und 47 Grad westlicher Länge erreicht hatten. Man nannte diese Stelle, an der Kapitäne sicher sein durften, dass ihnen kein Eis mehr in die Quere kam, auch „die Kurve". Von dort konnten sie ihre Schiffe direkt nach Westen in Richtung New York drehen. Die *Titanic* erreichte die Position um 17 Uhr, aber Smith ordnete erst um 17.45 Uhr die Kurskorrektur an. Das Schiff fuhr also weitere 16 Meilen in südwestlicher Richtung, bevor es abdrehte. Nach Einschätzung des Dritten Offiziers Herbert Pitman schlug die *Titanic* dadurch eine Route ein, die zehn Meilen südlicher als die sonst übliche verlief.

R.M.S. "TITANIC."

APRIL 14, 1912.

HORS D'ŒUVRE VARIÉS
OYSTERS

CONSOMMÉ OLGA — CREAM OF BARLEY

SALMON, MOUSSELINE SAUCE, CUCUMBER

FILET MIGNONS LILI
SAUTÉ OF CHICKEN, LYONNAISE
VEGETABLE MARROW FARCIE

LAMB, MINT SAUCE
ROAST DUCKLING, APPLE SAUCE
SIRLOIN OF BEEF, CHATEAU POTATOES

GREEN PEAS — CREAMED CARROTS
BOILED RICE
PARMENTIER & BOILED NEW POTATOES

PUNCH ROMAINE

ROAST SQUAB & CRESS
COLD ASPARAGUS VINAIGRETTE
PÂTÉ DE FOIE GRAS
CELERY

WALDORF PUDDING
PEACHES IN CHARTREUSE JELLY
CHOCOLATE & VANILLA ECLAIRS
FRENCH ICE CREAM

Am letzten Abend auf See luden George und Eleanor Widener (links, außen) zur Dinner-Party ins A-la-carte-Restaurant. Auch Kapitän Smith nahm daran teil. Im Speisesalon (rechte Seite) konnten die Reisenden aus einem erlesenen Menü (links) wählen. Unten: Die zeitgenössische Illustration entwirft die elegante Atmosphäre einer Abendgesellschaft um 1912

An diesem Abend war das Dinner ausgesprochen elegant und das Essen besser als je zuvor. Serviert wurden erlesene Speisen wie Filet Mignon und gebratene Täubchen. Viele Passagiere waren festlicher gekleidet, als es dem Anlass entsprach. Elmer Taylor, ein Fabrikant von Pappbechern, notierte später, dass die Damen ihre schönsten Roben und ihren kostbarsten Schmuck angelegt hatten.

Kapitän Smith saß ausnahmsweise nicht an seinem Tisch im Speisesaal der Ersten Klasse. Er hatte eine Einladung der Wideners angenommen, der außer Major Archibald Butt, dem Militärberater von US-Präsident Taft, auch die Ehepaare William E. Carter und John B. Thayer gefolgt waren, große Namen der Gesellschaft von Philadelphia. Man speiste im A-la-carte-Restaurant auf dem hinteren B-Deck. Manche Passagiere behaupteten zwar, sie hätten Smith dort nach 21 Uhr gesehen, tatsächlich aber scheint er die Gesellschaft etwa um die Zeit verlassen zu haben. Der Zweite Offizier

Lightoller sagte später aus, der Kapitän sei um 20.55 Uhr auf der Brücke erschienen. Da Smith gegen 21 Uhr mit dem ersten Eis gerechnet hatte, wollte er sich nun von der Richtigkeit seiner Prognose überzeugen. Smith und Lightoller unterhielten sich rund 25 Minuten. Der Kapitän erklärte, dass die Geschwindigkeit gedrosselt werden müsse, falls trotz der frostigen, klaren Nacht Nebel aufkommen sollte, und ordnete an, ihn im Falle des geringsten Zweifels sofort zu benachrichtigen. Dann verließ er die Kommandobrücke – es war der dafür denkbar schlechteste Zeitpunkt.

Nach dem Abendessen bereiteten sich die meisten Passagiere auf die Nacht vor. Manche nahmen im Empfangsraum der Ersten Klasse Platz und lauschten dem Orchester, andere gingen gleich zu Bett. Die Rauchersalons belebten sich, und in der Dritten Klasse wurde eine Party fortgesetzt, die schon am Nachmittag begonnen hatte.

Kurz nach 21.30 Uhr unterbrach eine Meldung des kleineren Liniendampfers *Mesaba* die Verbindung des Funkers Jack Phillips mit Cape Race auf Neufundland: „Eismeldung. Breite 42° N bis 41°25′ N, Länge 49° W bis 50°3′ W. Haben viel

Um die *Titanic* »praktisch unsinkbar« zu machen, waren schwere, wasserdichte Doppel-Zylinder-Türen eingebaut worden, im Notfall durch einen elektrischen Schalter auf der Brücke zu schließen. Über eine Nottreppe konnten Besatzungsmitglieder die abgeschotteten Sektoren verlassen. Der Erste Offizier William Murdoch gab nach der Kollision den Befehl, die Türen zu schließen

Packeis und zahlreiche große Eisberge gesehen, außerdem Eisfelder. Wetter gut, klare Sicht." Der Funker der *Mesaba*, Stanley Adams, wusste, dass sein Navigations-Funkspruch Vorrang vor den Privatbotschaften der Passagiere hatte. Er wartete die Bestätigung ab, dass man seine Nachricht über das Eisfeld, auf das die *Titanic* zusteuerte, an die Brücke weitergeleitet habe. Phillips antwortete nur „Empfang bestätigt, danke" und nahm wieder Kontakt mit Cape Race auf.

Um 22.38 Uhr wurde er erneut durch einen Funkspruch der *Californian*, eines Frachters der „Leyland Line", unterbrochen: „Wir haben gestoppt und sind vom Eis eingeschlossen." Das Schiff war so nah, dass die Nachricht ohrenbetäubend laut ankam. „Hören Sie auf! Hören Sie auf!", anwortete Phillips wütend. „Ich hab' zu tun. Ich stehe in Kontakt mit Cape Race." Die Warnung der *Californian* erreichte die Brücke ebenso wenig wie die der *Mesaba*. Stattdessen machte Phillips mit der Passagierpost weiter, buchte Hotels in New York und unterrichtete Familien über die bevorstehende Ankunft ihrer Angehörigen.

Eine Stunde später fuhr die *Titanic* immer noch 22,5 Knoten, also volle Kraft voraus. Der Erste Offizier William Murdoch war allein auf der Brücke. Im Ruderhaus leistete der Sechste Offizier James Moody dem Quartiermeister Robert Hitchens Gesellschaft. In 20 Minuten würde Moodys Schicht zu Ende sein, und vermutlich freute er sich auf den Schlafplatz in seiner kleinen Koje – um 4.00 Uhr früh musste er schon wieder Wache schieben. Der Zweite Offizier Lightoller hatte angeordnet, die Heizung in den Offizierskabinen hochzudrehen, und Moody konnte es kaum erwarten, sich vor der nächsten Schicht gründlich aufzuwärmen.

Plötzlich schlug die Glocke über dem Krähennest dreimal, und das Telefon, das die Posten im Ausguck mit der Brücke verband, begann zu schrillen. Als Moody abnahm, war der Posten Frederick Fleet dran, der fragte, ob jemand da sei.

„Ja", antwortete Moody. „Was sehen Sie?"

„Eisberg direkt voraus!"

„Danke", sagte Moody und legte auf. Er verständigte Murdoch: „Eisberg direkt voraus!", aber der Erste Offizier hatte den Berg bereits gesehen und rannte zum Maschinentelegrafen, um „Volle Kraft zurück" durchzugeben. Darauf befahl er Hitchens: „Hart Steuerbord!" Der Quartiermeister riss das Ruder herum. Der Befehl „Steuerbord" stammte noch aus der Zeit der Segler, als das Ruder nach Steuerbord gelegt wurde, um das Schiff nach Backbord zu lenken.

Im Krähennest sahen die Posten Frederick Fleet und Reginald Lee, wie die dunkle Masse direkt vor ihnen bedrohlich näher rückte. Sie klammerten sich fest, doch dann schwenkte der Bug langsam nach Backbord. Zunächst schien es, als würde das Schiff den Eisberg knapp verfehlen. Aber plötzlich hörten sie ein merkwürdig schleifendes Geräusch, und während der Eisberg am Bug vorüberglitt, prasselten schwere Brocken auf das Vor- und das Welldeck.

TITANIC

Zugleich wurde die Schiffshaut in der Tiefe von dem Eisberg aufgerissen. Die ersten vier wasserdichten Abteilungen waren Frachträume, in der fünften aber, dem Kesselraum Nummer sechs, waren Männer dabei, das Feuer zu schüren, als die Alarmglocke losbrach. Auf der Brücke hatte Murdoch befohlen, die Schotten dicht zu machen. Plötzlich schoss Wasser durch einen Riss an Steuerbord in etwa 60 Zentimeter Höhe herein. Die Heizer stolperten die Rettungsleitern hoch und konnten in letzter Sekunde durch das sich rasch schließende wasserdichte Tor schlüpfen.

Im Kesselraum Nummer fünf war nur der vordere Kohlebunker betroffen, und das kaum nennenswert. Nichtsdestotrotz waren bereits fünf Sektoren überflutet, einer mehr, als das Schiff verkraften konnte, ohne unterzugehen.

Kapitän Smith erschien bald nach dem Aufprall auf der Brücke und wurde von Murdoch über das Unglück informiert. Der Vierte Offizier Joseph Boxhall, der den Passagierbereich inspiziert hatte, wusste von keinen Schäden zu berichten. Smith befahl ihm trotzdem, den Zimmermann zu holen. Der aber, ein Mann namens John Hutchinson, war bereits unterwegs zur Brücke, um zu melden, dass Wasser eindrang. Sekunden später berichtete ein Postangestellter, dass der Postraum unter Wasser stehe. Boxhall überzeugte sich selbst davon und bestätigte dem Kapitän, dass der Postraum überflutet war. Als Smith das hörte, drehte er sich wortlos um und ging.

Die Nachricht von der Kollision machte schnell die Runde. Im Vorschiff war unübersehbar, dass Wasser einströmte. Die Heizer und Trimmer, deren Unterkünfte in der Vorpiek lagen, brachten ihre Habe in die Messe auf Deck C, wo sie von denen verspottet wurden, die ihre Sachen noch in Sicherheit wähnten. Zwischendeckpassagieren, deren Kojen im Bug lagen, fiel auf, dass Wasser einsickerte. Einige brachen mit ihrem Gepäck nach achtern auf, andere zum vorn gelegenen Freideck. Unterdessen verließ Dr. Washington Dodge, ein hoher Finanzbeamter der Stadt San Francisco, seine Erste-Klasse-Kabine A 34 auf der Backbordseite des Promenadendecks und wagte sich an Deck, wo er mitbekam, wie sich andere Passagiere über den Zusammenstoß mit dem Eisberg unterhielten. Von oben konnte er auf das Welldeck blicken, auf dessen Steuerbordseite Eisbrocken verstreut waren. Einige Passagiere spielten ausgelassen mit ihnen.

Als der Aufprall J. Bruce Ismay aus dem Schlaf riss, war sein erster Gedanke, dass die *Titanic* ein Propellerblatt verloren haben könnte. Also warf er sich rasch einen Mantel über den Schlafanzug und eilte zur Brücke. Er erkundigte sich bei Kapitän Smith, was vorgefallen war.

„Wir haben einen Eisberg gestreift."

„Ist das Schiff ernsthaft beschädigt?" fragte Ismay.

„Ich fürchte, ja."

Im Laufe der nächsten halben Stunde verschafften sich der Kapitän, der Leitende Offizier Wilde, der Vierte Offizier Boxhall sowie Thomas Andrews, der Technische Direktor der Werft Harland & Wolff, unter Deck ein Bild von der Lage. Ein Passagier sagte später, Andrews sei mit dem Ausdruck „blanken Entsetzens" im Gesicht die Freitreppe hochgelaufen. Tatsächlich wusste der *Titanic*-Konstrukteur Andrews eher als andere, dass der Ozeandampfer nicht mehr zu retten war. Kurz nach Mitternacht erkannte auch Kapitän Smith das Schicksal seines Schiffes. Er gab Befehl, die Rettungsboote klarzumachen.

Die Stewards schwärmten aus, um die Menschen an Bord zu wecken. In der Zweiten und Dritten Klasse, wo sie deutlich schwächer besetzt waren, hämmerten sie an die Kabinentüren und riefen laut, jeder möge seine Schwimmweste anlegen und sofort an Deck gehen. In der Ersten Klasse wurden die Passagiere durch höfliches Anklopfen ihres jeweiligen Stewards geweckt. Henry Sleeper Harper, ein Spross der berühmten New Yorker Verlegerfamilie, lag mit einer Mandelentzündung im Bett, als er den Eisberg am Bullauge seiner Kabine vorbeiziehen sah. Ihm sei, sagte er später, sofort klar gewesen, wie schlimm die Kollision gewesen sein musste. Der Schiffsarzt Dr. William O'Loughlin, der kurz darauf in seiner Tür stand, bestätigte seine Befürchtungen. „Ich habe gehört, dass die Koffer im Gepäckraum bereits im Wasser schwimmen. Sie sollten an Deck gehen." Harper und seine Frau folgten dem Rat. Sie nahmen in der Turnhalle auf dem Bootsdeck Platz.

Am Fuß der großen Freitreppe auf Deck D liefen Elizabeth Lines und ihre Tochter ihrem Steward in die Arme. Es war genau die Stelle, an der Bruce Ismay am Vortag geprahlt hatte, man werde New York in Rekordzeit erreichen. Der Steward, der die beiden Damen noch Minuten vorher beruhigt und zu Bett geschickt hatte, bedeutete ihnen, keine Zeit mehr zu verlieren.

„Gehen Sie auch an Deck?" erkundigte sich Mrs. Lines.

„Nein", antwortete er nur und winkte ihr zu.

Knapp vor Mitternacht trat der Zweite Funker Harold Bride im Marconi-Raum seinen Dienst an. Jack Phillips informierte ihn, dass es offenbar eine Kollision gegeben hatte und man eventuell die Werft Harland & Wolff zur Reparatur anlaufen müsse. Noch während Bride seinen erschöpften Kollegen drängte, endlich zu Bett zu gehen, erschien Kapitän Smith.

Ein Seemann der *Olympic* leitet eine Rettungsübung, die als Reaktion auf den Untergang der *Titanic* stattfand. Die Schwimmwesten auf beiden Dampfern bestanden aus Segeltuch und waren mit Korkstücken gefüllt. Sie retteten zwar viele Schiffbrüchige vor dem Ertrinken, boten aber keinen Schutz vor dem eisigen Wasser, in dem die meisten schnell an Unterkühlung starben

Die dramatische Zeichnung unten zeigt Kapitän Smith, der im Funkraum persönlich befahl, das Notsignal abzusetzen. Daneben der kurze, eindringliche Funkspruch, den der Funker auf der *Baltic* empfing. Er lautete: »Sinken. Brauchen sofort Hilfe.« Rechte Seite: Romantisierende Darstellung der Evakuierung mit Rettungsbooten von der *Titanic*. Die Illustration stammt aus einem Magazin von 1912

„Wir sind auf einen Eisberg gelaufen. Ich lasse gerade den Schaden untersuchen", erklärte er. „Sie sollten einen Notruf vorbereiten. Setzen Sie ihn aber erst ab, wenn ich Bescheid gebe." Zehn Minuten später reichte er ihnen einen Zettel mit den Positionsangaben und befahl: „Senden Sie den Notruf."

„Welchen Notruf, Sir?" erkundigte sich Phillips.

„Das internationale Notsignal, nichts weiter", sagte Smith und ging.

Phillips setzte sich an den Morseapparat und gab ein halbes Dutzend Male das Notsignal „CQD" ein, gefolgt von der Kennung der *Titanic*, „MGY". Noch war den beiden Funkern nach Scherzen zumute: Sie rissen Witze über die Lage.

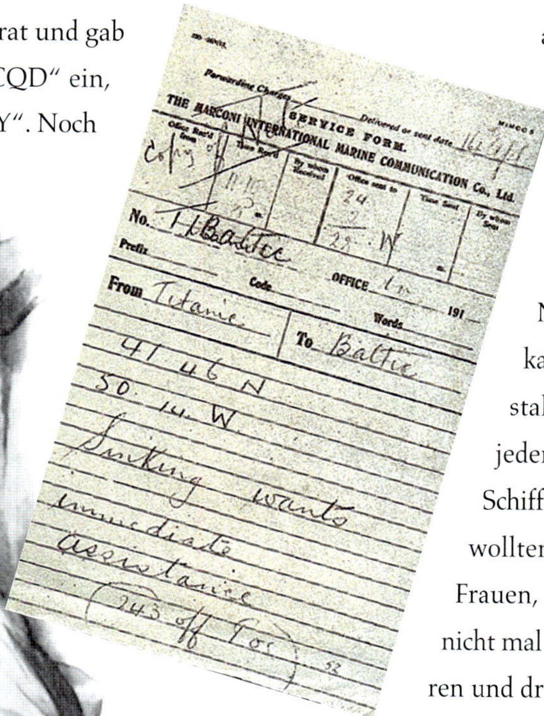

Forwarding Charges
THE MARCONI INTERNATIONAL MARINE COMMUNICATION Co., Ltd.
SERVICE FORM.
Delivered or sent date
Copy
No. 1 Baltic
Prefix
Code
OFFICE
From Titanic
To Baltic
Words
191
41 46 N
50. 14 W
Sinking wants
immediate
assistance
(243 off Tos)

Draußen auf dem Bootsdeck war die Stimmung völlig anders. Schlotternd drängten sich die Menschen in der mondlosen, klirrend kalten Nacht aneinander. Die drohende Katastrophe vor Augen, ordnete der Erste Offizier William Murdoch das Beladen und Abfieren der Rettungsboote an. Sie waren von vorn nach hinten durchnummeriert, die ungeraden Ziffern an der Steuerbordseite. Zur Ersten Klasse gehörten die Boote 1 bis 7, dann klaffte eine Lücke von fast 70 Metern bis zu den Booten 9 bis 15 im Bereich der Zweiten Klasse. Murdoch gab sich Mühe, das Boot Nummer 7 voll zu bekommen, doch kaum einer der Passagiere machte Anstalten, das vermeintlich unsinkbare, jedenfalls aber warme und komfortable Schiff zu verlassen. Da so wenige einsteigen wollten, erlaubte Murdoch Männern wie Frauen, an Bord zu gehen. Er ließ das Boot nicht mal halb voll mit zwei Dutzend Passagieren und drei Besatzungsmitgliedern zu Wasser und hastete zum nächsten, der Nummer 5.

Dort gab Bruce Ismay dem Dritten Offizier Pitman Anweisung, Frauen und Kinder vorzulassen. „Ich bekomme

meine Befehle vom Kapitän", ließ ihn Pitman abblitzen. Offenbar war dem Offizier nicht klar, dass er den Generaldirektor seiner Reederei vor sich hatte. Ismay forderte unterdessen das Ehepaar Richard L. Beckwith, Erste-Klasse-Passagiere aus New York, auf, ins Boot zu steigen. Nachdem sich Mrs. Beckwith vergewissert hatte, dass ihr gesamter Bekanntenkreis mitdurfte, verließ sie die *Titanic* in Begleitung ihres Mannes, ihrer Tochter Helen Newsom, deren Verlobtem Karl Behr und der Eheleute Edwin Kimball aus Boston.

„Noch Frauen da, bevor das Boot ablegt?" rief Ismay. Eine Frau trat vor.

„Kommen Sie! Rein mit Ihnen!", sagte Ismay.

„Ich bin nur eine Stewardess", antwortete die Frau.

„Spielt keine Rolle. Sie sind eine Frau. Steigen Sie ein."

Während der Fünfte Offizier Harold Lowe das Boot über die Bordwand schwenken ließ, stand J. Bruce Ismay wild fuchtelnd neben ihm und brüllte immer wieder „Fieren! Fieren! Fieren! Fieren!" Lowe, der keinen Schimmer hatte, wer dieser „Verrückte" war, platzte schließlich der Kragen: „Soll ich wirklich schneller fieren? Soll ich sie etwa fallen lassen, damit sie alle ertrinken?" Kleinlaut stahl sich Ismay davon zu Boot Nummer 3. Und Washington Dodge, dessen Frau und kleiner Sohn bereits im Boot Nummer 5 saßen, befielen Zweifel, ob es wohl richtig war, dass er es zugelassen hatte, die beiden in einem winzigen Kahn mitten auf dem Atlantik auszusetzen.

Mrs. Ida Straus weigerte sich, ihren Mann, mit dem sie seit 40 Jahren verheiratet war, allein auf dem untergehenden Schiff zurückzulassen. Während der Bug der *Titanic* langsam sank, schoss Dampf aus den Überdruckventilen. Die Besatzung feuerte Leuchtraketen ab

Auf der Backbordseite ging es wesentlich langsamer voran. Der Leitende Offizier Wilde war von der Situation offenbar überfordert: Er verweigerte Lightoller, die Rettungsboote vorzubereiten. Der holte sich die Erlaubnis daraufhin direkt vom Kapitän. Als aber das erste Boot tatsächlich klar war, stellte sich Wilde erneut quer: Er untersagte dem Zweiten Offizier, Passagiere einzuladen. Und Lightoller musste wieder zu Smith, bevor die Rettung in Gang kam.

Die Nacht war mondlos, aber sternenklar. Während die ersten Boote bereits im Wasser lagen, wurde mit einem derartigen Getöse Dampf aus den Überdruckventilen an den Schornsteinen abgelassen, dass man sich an Bord kaum noch verständlich machen konnte. Dann, schlagartig, brach der Lärm wieder ab. Die folgende Stille wurde durch Musikfetzen unterbrochen: Das Orchester hatte sich auf dem Bootsdeck aufgestellt und spielte nun Ragtime und flotte Tanzmusik, um die Passagiere zu beruhigen und ihnen Mut zu machen.

Irgendwann reagierte auch Wilde angemessen, und man machte sich nun backbords zügig daran, die Boote zu beladen. Zunächst sollte dies von der Promenade des A-Decks aus geschehen, also wurde das Boot Nummer 4 bis Deck A heruntergelassen. Offenbar hatte aber keiner bedacht, dass die vordere Hälfte des Promenadendecks verglast und die Fenster geschlossen waren – einsteigen konnte dort keiner. Also ging's erst mal mit den Booten 6 und 8 weiter. Zu den Wartenden an Boot 8 gehörten Ida Straus und ihr Mann Isidor, Teilhaber des New Yorker Kaufhauses R. H. Macy. Sie waren auf der Rückreise von einem Europa-Urlaub. Schon halb im Boot, überlegte Mrs. Straus es sich plötzlich anders und kehrte zu ihrem Mann zurück. „Wir haben so lange zusammengelebt, ich gehe nicht ohne dich." Freunde drängten den betagten Mr. Straus, doch bitte mit ihr einzusteigen. Er wehrte ab: „Ich gehe erst mit den anderen Männern." Die beiden setzen sich daraufhin einfach in die Liegestühle an Deck.

Plötzlich zuckte auf dem Bootsdeck steuerbords ein greller Blitz. Eine Leuchtrakete stieg in den Himmel und ging als Sternenschauer nieder. „Wenn sie schon Raketen abschießen, sind wir wirklich am Ende", sagte Emily Ryerson zu ihrem Mann Arthur.

Man hatte das Leuchtsignal abgefeuert, weil ein Schiff in der Nähe war. Doch es reagierte nicht auf Funksignale, also blieben nur Raketen und die Morselampe, um auf sich aufmerksam zu machen. Tatsächlich schien das Schiff zunächst auf die *Titanic* zuzusteuern, dann aber wurden seine Lichter immer schwächer und verschwanden schließlich. Später wurde der Vorwurf laut, bei dem mysteriösen Schiff habe es sich um die *Californian* gehandelt, einen Dampfer der „Leyland Line". Dessen Offiziere hatten in der Nacht Leuchtraketen beobachtet, aber nicht darauf reagiert. Doch verbindlich wurde die Identität jenes Schiffes nie geklärt und bleibt bis heute umstritten.

Unterdessen ließ man die vorderen Boote weiter zu Wasser, wenn auch nicht voll beladen. Lightoller etwa fierte zwar eines nach dem anderen ab, doch keines war bis auf den letzten Platz besetzt. Statt „Frauen und Kinder zuerst!" ließ er „Nur Frauen und Kinder!" gelten. Mit Ausnahme einiger Seeleute zum Rudern wies er alle Männer zurück. Auf der Steuerbordseite erlaubte Murdoch, sofern noch Platz war, auch Männern, einzusteigen.

Als die hinteren Boote an der Reihe waren, drängten sich bereits zahlreiche Reisende auf dem Bootsdeck. Sich bis dort durchzuschlagen, war für Zwischendeckpassagiere fast unmöglich. Da es keinen direkten Zugang von der Dritten in die Erste Klasse gab, irrten sie auf gut Glück durch die endlosen Flure im Schiffsbauch, um allzu oft vor verschlossenen Türen zu stehen oder vor Besatzungsmitgliedern, die nur Frauen und Kinder durchließen. Viele versammelten sich

Als sie die Tür ihrer Erste-Klasse-Kabine im sinkenden Schiff schloss, ermahnte Edith Rosenbaum (links) einen Steward, sicherzustellen, dass ihr Gepäck nach New York geliefert werde. John Jacob Astor (rechts, außen) warf seiner jungen Frau Madeleine (rechts) im Rettungsboot 4 seine Handschuhe zu

einfach auf dem hinteren Welldeck, um weitere Anweisungen abzuwarten.

Wer es tatsächlich nach oben geschafft hatte, fand sich auf dem inzwischen überfüllten Bootsdeck wieder. An Steuerbord ließ Murdoch kaum noch Männer in die Boote. Andererseits sträubten sich einige der Frauen, die Wärme und Helligkeit an Bord der *Titanic* zu verlassen und sich im offenen Boot in die eiskalte Nacht zu entfernen. Um die zaudernde Edith Rosenbaum, Pariser Korrespondentin der Zeitung „Women's Wear Daily", zum Einsteigen zu bewegen, entriss ihr ein Matrose ihren Talisman, ein kleines Spielzeugschweinchen, das sie umklammerte, und warf es ins Boot. Und tatsächlich: Nun ließ sie sich über die Reling helfen.

Da immer mehr Frauen und Kinder zusammenströmten und inzwischen jeder sah, dass der Platz auf den Rettungsbooten nicht ausreichte, ging die Mannschaft dazu über, Männer rigoros abzudrängen. Als Boot Nummer 14 beladen wurde, stürmten zahlreiche Männer die Reling. Um zu verhindern, dass sie ins Boot sprangen, zog der Fünfte Offizier Lowe seinen Revolver und gab mehrere Warnschüsse ab. Es war kurz vor 2 Uhr morgens und über eine Stunde her, seit Boot Nummer 4 bis auf Höhe des Promenadendecks abgefiert worden war. Um es zu beladen, ließ Lightoller die Liegestühle als Tritthilfe an die Handläufe schieben. Frauen und Kinder stiegen darüber, um durch die Fenster in die Boote zu gelangen. Colonel Archibald Gracie, Militärhistoriker aus Washington D.C., war Madeleine Astor beim Einsteigen behilflich. Er reichte sie an den Zweiten Offizier Lightoller weiter, der sie im Boot in Empfang nahm. Da seine Frau in anderen Umständen war, bat Astor darum, sie begleiten zu dürfen. „Nein, Sir", beschied ihn Lightoller. „Keine Männer an Bord, bevor nicht alle Frauen drin sind." Astor ließ sich die Nummer des Rettungsbootes geben, dann warf er Madeleine noch seine Handschuhe zu.

Außer den 16 Rettungsbooten gab es vier flache Notboote mit aufklappbaren Segeltuchwänden. Die Klappboote C und D waren unter den Davits für die Boote Nummer 1 beziehungsweise 2 verstaut, A und B auf dem Dach des Offizierslogis hinter der Brücke. An Steuerbord hatte man gerade das Klappboot C in den Davits von Boot Nummer 1 festgemacht, als eine Gruppe Männer ohne Rücksicht auf Frauen und Kinder hineindrängelte. Ein Offizier schoss in die Luft und brüllte: „Raus! Hauen Sie ab!" Man zerrte die Männer aus dem Boot und belud es mit Frauen und Kindern. Dennoch stiegen auch zwei männliche Passagiere an Bord: William E. Carter und J. Bruce Ismay, Generaldirektor der „White Star Line". Der Erste Offizier Murdoch hatte keine Einwände, also wurde das Boot abgefiert, wobei es an den Nietenköpfen des *Titanic*-Rumpfes entlangschrammte.

An Backbord kümmerte sich Lightoller um das Klappboot D. Auch er konnte die Menge nur noch mit seinem Revolver in Schach halten. Besatzungsmitglieder hatten sich untergehakt und rund um das Boot eine Kette gebildet, sodass nur Frauen und Kinder durchkamen.

Unweit davon wurden die Lichter im Marconi-Raum allmählich schwächer. Die Funker hatten zwar immer wieder Kontakt zu Schiffen aufgenommen, doch keines war nah genug, um rechtzeitig Hilfe zu leisten. Ein Fünkchen Hoffnung ruhte auf der *Carpathia*, einem „Cunard"-Liner, aber auch die war noch gut 60 Seemeilen entfernt, würde also mehrere Stunden brauchen, um die *Titanic* zu erreichen. Kapitän Smith trat ein und sagte: „Ihr habt eure Pflicht getan, Männer. Jetzt könnt ihr nichts mehr ausrichten. Ihr könnt gehen." Die Funker rührten sich nicht von der Stelle. „Kümmert euch um euch selbst. Ihr seid entlassen." Es war das letzte Mal, dass Smith den Funkraum betrat. Phillips ignorierte die Anweisung des Kapitäns und blieb am Morsegerät sitzen. Bride schlüpfte in den gemeinsamen Schlafraum nach nebenan, um sein Geld einzustecken. Wieder zurück, überraschte er einen Heizer, der gerade dabei war, Phillips' Rettungsweste zu stehlen. Bride schnappte sich den Mann, und Phillips schlug auf ihn ein, bis er zu Boden ging. Als sie nebenan das Wasser über die Brücke strömen hörten, überließen sie den Heizer seinem Schicksal und rannten los.

Auf dem vorderen Bootsdeck mühten sich Besatzungsmitglieder, die beiden letzten Klappboote vom Dach des Offizierslogis zu heben. Man versuchte, sie auf einer Hilfskonstruktion aus Rudern heruntergleiten zu lassen. Sie polterten aufs Deck, einige Ruder gingen zu Bruch, und zu allem Überfluss landete Boot B kieloben. Während Klappboot A in den Davits eingehängt wurde, kam Kapitän Smith vorbei und rief den Männern per Megafon zu: „Jungs, tut euer Bestes für die Frauen und Kinder, und dann sorgt jeder für sich selbst!"

Plötzlich sank der Bug der *Titanic* dramatisch ein. Eine Riesenwelle schwappte über das Bootsdeck. Einige schafften es, auf die Klappboote A und B zu krabbeln, die im Wasser trieben. Viele rannten instinktiv Richtung Heck, gleichzeitig strömten immer noch Menschen aus dem Eingang zur großen Freitreppe. Die einen sprangen vom Schiff, andere schlitterten das steil geneigte Deck abwärts in die dunklen, eisigen Fluten. Jeder klammerte sich, woran er konnte, oft war es nur ein Mitreisender. Aus dem Schiffsbauch hörte man dumpfes Grollen, als Gepäck, Möbel und alles, was nicht fest genug verankert war, ins Rutschen kamen. Als die Brücke in den Fluten versank, stürzte der erste Schornstein ein und begrub die Schwimmer in der Nähe unter sich. Die Welle spülte die Klappboote A und B weg und viele ihrer Insassen über Bord. Einigen gelang es jedoch, zurückzuschwimmen und sich wie an ein Floß an das Boot zu klammern.

Als der Neigungswinkel der *Titanic* knapp 45 Grad betrug, gingen die Lichter aus, und in der Dunkelheit begann der Rumpf zwischen dem dritten und vierten Schornstein auseinander zu brechen. Das enorme Gewicht der Maschinen im Heck, gleich hinter der hinteren Dehnungsfuge und der hinteren großen

Als der Bug der *Titanic* immer tiefer ins Wasser sank, brach das Schiff schließlich auseinander, wobei das Heck auf die Wasseroberfläche krachte. Einen Moment lang glaubten die Schiffbrüchigen in den Rettungsbooten noch, das Achterschiff würde auf dem Wasser treiben, doch dann bäumte es sich steil auf und ging unter

Freitreppe, zerriss den Ozeandampfer, das Achterschiff donnerte auf die Wasseroberfläche.

Während das Vorschiff im Ozean versank, wurde das Heck emporgedrückt, bis es fast senkrecht aus dem Wasser ragte. So verharrte es für kurze Zeit. Die Überlebenden sprachen später von 30 Sekunden bis zu mehreren Minuten. Und so versank es, erst langsam, dann immer schneller werdend, in den Fluten. Um 2.20 Uhr war die *Titanic* untergegangen. Doch nun hörte man die Schreie und das Flehen von Hunderten von Schiffbrüchigen, die im eiskalten Wasser gegen den Tod kämpften. Keiner derer, die in den Booten überlebten, hat diese Schreie je vergessen.

Die ungeheure Menge der im Wasser um ihr Leben schwimmenden Menschen hatte eine solch lähmende Wirkung auf die Geretteten, dass nur in den Booten mit den Nummern 4 und 14 überhaupt der Versuch gemacht wurde, noch jemanden aufzunehmen. Sie drehten um und bargen jeweils eine Hand voll der Verzweifelten. Um 3 Uhr waren über 1500 Menschen tot, die 711 in den Booten hofften auf den Tagesanbruch und die Rettung. Die kam um 4 Uhr, als die *Carpathia* am Unglücksort eintraf und mit der Bergung der Überlebenden begann. Um 8.30 Uhr waren alle sicher an Bord, und der „Cunard"-Liner nahm Kurs auf New York. Die ganze Welt harrte seiner Ankunft.

Zweites Kapitel *Die Tauchgänge zum Wrack*

Das Magazin „Popular Mechanics“ sagte schon im Jahr 1914 voraus, dass wahrscheinlich bereits die Kinder der *Titanic*-Opfer ein Foto vom Wrack des Dampfers zu Gesicht bekämen. In dem Artikel ging es um die jüngsten Fortschritte in der Unterwasserfotografie, aber auch um Filmaufnahmen, die mithilfe einer „genialen“ vierfüßigen Unterwasserkapsel möglich seien, und zwar durch eine 7,5 Zentimeter dicke Glasscheibe. Die Kapsel konnte von einem Transportboot aus, das passenderweise den Namen des Science-Fiction-Autors Jules Verne trug, bis zu 100 Meter tief tauchen.

Mehr als 70 Jahre später ging die Prophezeiung von „Popular Mechanics“ in Erfüllung. Ein amerikanisch-französisches Forscherteam unter der Leitung von Dr. Robert Ballard vom Ozeanografischen Institut Woods Hole entdeckte und fotografierte 1985 das Wrack der *Titanic*. So war es sogar noch einigen derer vergönnt, Aufnahmen vom Wrack zu sehen, die die Katastrophe 1912 mit knapper Not überlebt hatten. Seither brachen viele Expeditionen von Tauchern zur *Titanic* auf. Etliche hatten es auf Gegenstände aus dem Wrack abgesehen, andere wollten das untergegangene Schiff nur filmen. Der Regisseur James Cameron leitete zwei dieser Expeditionen: die erste 1995 für den Auftakt seines 1997 gestarteten Spielfilms *Titanic*, die zweite 2001. Dieser zweiten Reise schloss ich mich an – am 14. August 2001 im Hafen von St. John's auf Neufundland, wo die letzten Vorbereitungen für die Exkursion liefen. Ken Marschall und ich waren wegen unserer Kenntnisse von der Geschichte des Schiffes verpflichtet worden. Wir gehörten einem kleinen Team von Beratern, Schauspielern und Wissenschaftlern an, das Jim für seinen neuen *Titanic*-Dokumentarfilm im 3-D-Kinoformat angeheuert hatte. Ken, der angesehene Künstler, der großartige Illustrationen für zahlreiche *Titanic*-Bücher beigesteuert hatte, darunter auch für den Bestseller „Das Geheimnis der Titanic“ von Robert Ballard, ist ein Experte, was den Aufbau und die Innenausstattung des Schiffes angeht. Als Historiker und Mitglied der „Titanic Historical Society“ in den USA hatte ich selbst zahlreiche Überlebende des Unglücks persönlich kennen gelernt. Die Arbeit an der Geschichte des Luxusliners war längst ein Teil meines Lebens geworden. Aber ich hätte es nie für möglich gehalten, das Wrack einmal mit eigenen Augen sehen zu können.

Es war Mitte August, und ein Schwarm von Möwen begleitete uns schreiend, als Jim, Ken und ich uns gemeinsam auf der *Akademik Mstislaw Keldisch* umsahen. Das russische Forschungsschiff sollte für die nächsten paar Wochen unser Zuhause sein. Jim führte uns kurz die Ausrüstung vor, wobei wir vor allem auf die für Kameras und Beleuchtung ausgelegten Kabelstränge achten mussten.

Jim ist während der Arbeit außerordentlich konzentriert und kontrolliert. Er hat den analytischen Verstand eines Ingenieurs und vermittelt einem den Eindruck, als würde er jedes Projekt persönlich und bis ins Detail planen und prüfen. Auch

Die *Akademik Mstislaw Keldisch* trifft im August 2001 mit zwei Tiefsee-Tauchbooten an Bord im Hafen von St. John's auf Neufundland ein. Das über 130 Meter lange russische Forschungsschiff ist eines der wenigen, die für Tauchgänge zum *Titanic*-Wrack in 3800 Meter Tiefe ausgerüstet sind

Ganz links: James Cameron (links) und Kameramann Vince Pace beim letzten Check an einer der 3-D-Kameras. Daneben: Ken Marschall (links) und der Unterwasserarchäologe John Broadwater inspizieren die Beleuchtungsplattform »Medusa«, die mit ihren 12 000 Watt starken Strahlern das *Titanic*-Wrack am Meeresboden in helles Licht tauchen soll. Gegenüberliegende Seite: Ein Matrose der *Keldisch* vor einem der Tiefsee-Tauchboote

diese Expedition ging er in Gedanken immer wieder durch, um nur ja nichts zu übersehen oder zu vergessen, das den Erfolg des Unternehmens hätte gefährden oder verzögern können. Das führte etwa dazu, dass er den Regisseur John Bruno recherchieren ließ, ob vielleicht Eisberge im näheren Seegebiet trieben, die man filmen könne. Geht es aber mal nicht um die Arbeit, ist Jim entspannt und umgänglich und immer für eine Plauderei zu haben.

Zu Beginn der Expedition führte er uns eine der hochauflösenden 3-D-Kameras für die Außenaufnahmen am Wrack vor. Da es um seine Lieblingsthemen ging – Technik und Physik –, demonstrierte er voller Begeisterung, wie sich die Einstellung der beiden Linsen je nach Abstand zum gefilmten Gegenstand veränderte. Jim ist zwar berüchtigt für seine hohen Ansprüche und reagiert ausgesprochen empfindlich, wenn jemand ihnen nicht genügt, eins aber ist ebenso sicher: Er kann komplexe technische Zusammenhänge mit einer Engelsgeduld erklären – vor allem, wenn sie irgendetwas mit der *Titanic* zu tun haben.

Ganz besonders hatten es ihm die neuen so genannten ROVs (Remote Operated Vehicles) angetan, ferngesteuerte Unterwasserkapseln mit darauf montierten Kameras, die speziell für dieses Projekt entwickelt worden waren. Drei Jahre Arbeit hatte ein Team unter der Leitung seines Bruders Mike in diese Roboter investiert, die klein genug waren, um jeden bislang noch unerreichten Winkel im Wrack zu erkunden. Sie mussten einem Druck von 400 Atmosphären standhalten und waren über extrem lange Glasfaserkabel mit der Basisstation in den *Mir*-Tauchbooten verbunden. Die ROVs, die wir später nach den filmischen „Blues Brothers" Elwood und Jake tauften, avancierten zu den Techno-Stars der Expedition, genau wie das Beleuchtungssystem. Jim hatte uns immer wieder erklärt, dass es in der Tiefseefotografie entscheidend auf das richtige Licht ankomme. Die Strahler des neuen Systems „Medusa" würden das Wrack mondscheinartig erhellen und es beinahe unwirklich aussehen lassen.

Als wir an der Steuerbordseite der *Keldisch* entlangliefen, zeigte uns Jim die Tauchboote *Mir-1* und *Mir-2*, die uns auf den Meeresgrund bringen sollten, unter der Leitung erfahrener russischer Begleiter, der beiden U-Boot-Fahrer Anatolij Sagaljewitsch und Jewgenij „Schenja" Tschernijew, die an Entwicklung und Bau der Boote in den 1980er Jahren beteiligt gewesen waren. Bald darauf wurde Jim weggerufen, also sahen Ken und ich uns noch auf eigene Faust um. Wir liefen am Produktionsbüro vorbei (einem winzigen Raum neben der Gangway) und an einem Labor für mikrobiologische Untersuchungen, dem Reich von Lori Johnston. Sie hatte sich vorgenommen, die ungewöhnlichen Rostzapfen vom Rumpf der *Titanic* zu untersuchen – tatsächlich handelt es sich dabei um komplizierte Bakterienkulturen, die wie Eiszapfen an den stählernen Wracks von Schiffen hängen und das Metall zersetzen.

Während der Expedition wurde das Leben an Bord rund um die Uhr aufgezeichnet – entweder in 3-D durch einen

Kameramann oder von mehreren fest installierten kleinen Kameras auf dem Schiff. Es dürfe ihm einfach nichts entgehen, hatte Jim dazu erklärt. Die festen Videokameras waren tatsächlich so unauffällig platziert, dass ich mir einmal sogar nichtsahnend den Kopf daran stieß. Die enorme Ausrüstung hatte gute Gründe – es liefen parallel gleich mehrere Filmprojekte. In erster Linie ging es natürlich um Jims Dokumentation. Daneben koordinierte sein anderer Bruder John David unter dem Namen EarthShip.tv eine Live-Übertragung ins Internet, und der Videofilmer der *Keldisch*, Sergej Kudriaschow, drehte ein paar Doku-Beiträge für das russische Fernsehen.

All das technische Potenzial und die Experten-Crew an Bord würden zweifellos aufs Äußerste beansprucht – schließlich ging es um ein bahnbrechendes Unternehmen, das uns an Stellen führen sollte, die seit fast 90 Jahren kein Mensch mehr gesehen hatte. Wir würden dabei auch an unsere eigenen Grenzen stoßen. Die *Keldisch* bot Platz für 30 Expeditionsteilnehmer – ein Bruchteil des Aufnahmeteams, mit dem Jim üblicherweise auf einem Filmset arbeitete. Weil der Dreh unter Wasser nur mit erheblichen Einschränkungen möglich, teilweise sogar unkalkulierbar war, wusste jeder, dass kaum eine Szene wiederholt werden konnte.

Der Tag der Abfahrt rückte näher, aber das Wetter blieb launisch, wie so häufig auf Neufundland. Mal war es heiß und schwül, dann wieder nieselte es unentwegt. Doch endlich klarte der Himmel auf. Die Zeit der schlimmen Herbststürme war absehbar, doch Jim konnte sich eine weitere Verschiebung der Expedition um Monate nicht leisten. Früher hatte er nicht ablegen können, denn die Ausrüstung war gerade erst fertig geworden. Um ganz genau zu sein: Als wir am 17. August, einem Freitag, nach Anbruch der Dunkelheit den Anker lichteten, befanden sich die Kameraroboter Elwood und Jake sogar noch für letzte Tests in Kalifornien. Wir wollten nach ungefähr einer Woche, in der wir das Äußere des Wracks filmten, nach St. John's zurückkehren und die Roboter für unsere ersten Ausflüge ins Schiffsinnere abholen.

Am Kai hatten sich Freunde und Schaulustige versammelt. Manche winkten uns mit weißen Taschentüchern zu, als das Schiff ablegte. Schon bald hatte bei wachsender Entfernung vom Hafen die Dämmerung die Menschen verschluckt. Zuletzt drehte ich mich noch einmal um und sah hinüber in Richtung des Signal Hill, wo der italienische Erfinder Guglielmo Marconi 1901 zum ersten Mal eine drahtlos übertragene Meldung von jenseits des Atlantik empfangen hatte – gut ein Jahrzehnt vor Einrichtung des Marconi-Funkraums auf der *Titanic*. Dann wanderten meine Gedanken, wie die der anderen auf der *Keldisch*, unserem Ziel entgegen, das wir in 36 Stunden erreichen sollten, 375 Meilen südöstlich von St. John's und rund 1000 Meilen östlich von Boston.

Allmählich wurde mir immer deutlicher bewusst, wie heikel unser Vorhaben war, im eisigen Dunkel, fast 4000 Meter

Der Autor Don Lynch (links) und der Maler Ken Marschall an Bord der *Keldisch* auf dem Weg zur Untergangsstelle. Gegenüberliegende Seite: James Cameron gibt anhand detaillierter Konstruktionspläne der *Titanic* Anweisungen für den ersten Tauchgang

tief unter der Meeresoberfläche. Ich beruhigte mich damit, dass dies nicht die erste *Titanic*-Expedition und ganz bestimmt nicht die letzte war. Aber keine vor uns hatte die Aufdeckung der Geheimnisse im Herzen des Luxusdampfers zum Ziel. Ob auch nur Spuren der Eleganz in den einstigen Kabinen und Gesellschaftsräumen übrig geblieben waren? Oder erwarteten uns nichts als Trümmer, zugedeckt von Rost und Schlick? Jeder an Bord glaubte, dass im Rumpf der *Titanic* Schätze zu entdecken seien. Und unsere Motivation hatte auch damit zu tun, dass wir an atemraubenden Filmaufnahmen beteiligt sein würden, wie sie kein Mensch je zuvor erlebt hatte.

Am 18. August, unserem ersten richtigen Tag auf See, wachte ich um 7 Uhr auf und ging um kurz vor 8 zum Frühstück. Ich erwartete, jede Menge Leute anzutreffen, die noch rasch eine Portion Eier mit Schinken verputzten, vor der für 8.30 Uhr angesetzten Produktionsbesprechung im früheren Computerraum, den wir ironisch „Mission Control", „Kontrollzentrum", nannten. Zu meiner Überraschung war der Speisesaal fast leer, das üppige Frühstücksbüfett praktisch unberührt. Da begriff ich: Dies war für längere Zeit die letzte Chance, sich noch einmal richtig auszuschlafen. Erkannt und genutzt aber hatten diese Gelegenheit nur die erfahrenen Crewmitglieder.

Nach dem Frühstück ging ich ins Kontrollzentrum unter Deck, wo Jim sich anfangs über die abwesenden Langschläfer mokierte. Aber bald trudelten immer mehr Leute ein und versammelten sich um den Tisch. Es gab nur wenige Stühle, also lehnten die meisten an Säulen, an vorsintflutlichen sowjetischen Nadeldruckern aus der Zeit des Kalten Krieges oder an Regalen, in denen Jims Videoausrüstung verstaut war.

Ob auf hoher See oder im Hafen, jeden Morgen nach dem Frühstück versammelte sich die gleiche Runde wie zu einem Ritual. Gewöhnlich leitete Jim die Sitzung, während Regisseur John Bruno filmte. Aber manchmal konnte es sich Jim einfach nicht verkneifen, schlug eine bessere Kameraposition vor oder übernahm gleich ganz die Regie.

An diesem ersten Morgen schärfte er uns die wichtigsten Sicherheitsregeln für die vor uns liegenden Wochen ein und warnte besonders vor Spielereien mit dem Schlauchboot. Es gebe keinen Grund, das Schiff zu verlassen, außer für Tauchgänge mit den *Mir*-Tiefseebooten, um die Rettungsausrüstung zu bedienen oder um unter Wasser zu fotografieren. Wir wurden eindringlich ermahnt, nicht an Deck zu gehen, schon gar nicht bei rauer See, ohne Bescheid zu sagen. Die komplette Ausrüstung müsse ständig gesichert sein. Nichts dürfe herumliegen – weil sich bei einem plötzlichem Wetterumschwung auf dem schwankenden Schiff ein handlicher Gegenstand in ein gefährliches Geschoss verwandeln könne. Außerdem sei zu vermeiden, dass im Durcheinander irgendein Teil der High-Tech-Ausrüstung ins Bild rutsche – denn schon sähe die Dokumentation aus wie das „Making of" eines Films.

Zu der Zeit hatte Jim erkannt, dass er einen Regieassistenten brauchte. Er entschied sich für Rich Robles. Der müsse alles und jeden im Auge behalten, verlangte Jim von ihm, und immer an seiner Seite bleiben, falls er etwas benötige. Manchmal werde er deshalb der Sündenbock sein und es deutlich zu hören bekommen. „Du kriegst Druck", sagte Jim. „Alle werden dich hassen. Sie können entweder mich hassen oder dich, also …" Jeder wusste, was das bedeutete.

Manche von der Crew kamen nur zu den Produktionsbesprechungen in den Kontrollraum, aber Ken, ich und Jims Creative Producer und Chief Editor Ed Marsh verbrachten viele Stunden dort. Eigentlich erlebten wir Ed so gut wie nie außerhalb von „Mission Control". Er fiel auf dem Schiff hauptsächlich durch seine geisterhafte Stimme über Lautsprecher auf – was ihm den Spitznamen „Oz" eintrug. Aber vor allem kümmerte sich Ed in dem Durcheinander von alten ausrangierten Computern um die digitale Aufarbeitung des Filmmaterials, die Archivierung der Bänder und die Vorführung der neuesten Videos. Der Beamer, der im Gesellschaftsraum die aktuellen 3-D-Unterwasseraufnahmen auf die Leinwand projizierte, wurde mit Bändern aus dem viel tiefer gelegenen Kontrollraum gespeist.

Ken und ich arbeiteten als Historiker eng mit Lewis Abernathy zusammen, der in dem Spielfilm von 1997 ein Mitglied der U-Boot-Crew gespielt hatte. Wir sollten Pläne

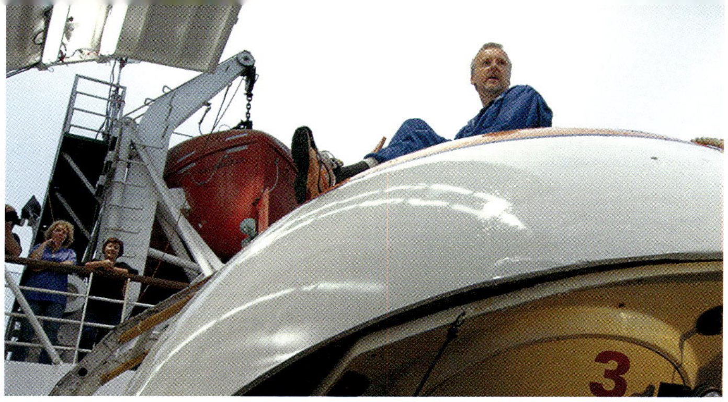

entwerfen, die bei den Tauchfahrten die Orientierung in der *Titanic* erleichterten. Ich identifizierte den jeweiligen Kabinenstandort von bekannten Passagieren der Ersten Klasse und trug ihn in die Pläne ein, Ken zeichnete den Bug von beiden Seiten und entwarf eine Gesamtansicht von oben. Zuletzt übertrug Lewis auf jede Zeichnung ein Gitternetzraster.

Diese Diagramme wurden an die beiden *Mir*-Tauchboote gesendet und auch der Crew unseres kleineren Begleitschiffs *MT Eas* überspielt, die das „Medusa"-Beleuchtungssystem transportierte. Indem sie sich auf identische Pläne bezogen, waren alle Teilnehmer über das Arbeitsprogramm und die nächsten Schritte im Bilde und konnten sich verständigen, ohne dass jeder Einzelne mit jedem Detail vertraut sein musste.

Als wir am 19. August die Stelle erreichten, an der die *Titanic* gesunken war, hieß uns ein Wal willkommen, schon bald aber war er in der ruhigen See verschwunden. Die Stille wurde nur noch gelegentlich von Vögeln unterbrochen, die im Flug die Wasseroberfläche streiften oder sich auf den Wellen treiben ließen. Einer dieser Vögel verirrte sich in die Kabine von Bill Paxton, der im *Titanic*-Film den Forscher Brock Lovett gespielt hatte. Bill war mit an Bord, um die Expedition aus seiner Sicht zu schildern. Nach kurzer Zeit fand der Vogel wieder heraus und flog davon. Unser Schiff schaukelte sanft über dem Wrack. Wir konnten nichts tun, als auf den ersten Tauchgang zu warten.

Insgesamt waren 12 geplant – doch schon der erste am 20. August musste wegen Schwierigkeiten mit den Kameras verschoben werden. Obwohl Bill ein Actionfilm-Veteran war, gab er zu, dass ihn die Aussicht auf eine Fahrt in fast 4000 Meter Tiefe leicht nervös stimmte. Und die Verzögerung machte alles noch schlimmer. Denn nun ging ihm immer wieder durch den Kopf, ob er als Familienvater überhaupt tauchen sollte. „In Augenblicken wie diesem", sagte er, „sollte man sicher sein, dass man sein Testament gemacht und die Lebensversicherung bezahlt hat."

Doch jetzt gab es kein Zurück mehr. Am Morgen des 21. August versammelten sich das amerikanische und das russische Kamerateam im Labor zum so genannten *Mir*-Meeting – es fand an Tauchtagen direkt vor der Produktionsbesprechung statt. Das Labor war nichts weiter als eine kleine Werkstatt, genau auf Höhe des Decks, von dem aus die *Mir-1* und *Mir-2* ausgesetzt wurden. Ein riesiger Arbeitstisch nahm fast den gesamten Raum ein, man drängte sich also bei jedem Meeting zwischen den Schränken oder wurde ans Spülbecken neben der Tür gedrückt. Anatolij Sagaljewitsch, der *Mir*-Kommandant, gab bekannt, dass das Wetter günstig sei für den ersten Tauchgang. John Bruno und Bill sollten die *Mir-2* nehmen und die Scheinwerfer für die Dreharbeiten lenken. In der *Mir-1* sollten Jim und Vince Pace sitzen, Jim an der Spezialkamera, die Vince gebaut hatte. Kommandant der *Mir-1* war Anatolij selbst, in der *Mir-2* saß Schenja Tschernijew im Cockpit.

Linke Seite: James Cameron auf der *Mir-1*, unmittelbar vor seinem ersten Tauchgang. Unten: Cameron klettert ins Tiefseeboot, das gleich vom Kran hochgehievt wird. Die Mannschaft hatte sich schnell daran gewöhnt, dass die *Keldisch* bei jedem Ausschwenken der 18 Tonnen schweren Tauchboote Schlagseite nach Steuerbord bekam

Jims Tauchboot wurde als Erstes zu Wasser gelassen. An Deck hatten sich wie üblich Crewmitglieder versammelt, die der Besatzung beim Einsteigen zusahen. Selbstverständlich wurde auch das Ausschwenken der Tauchboote gefilmt; dabei führte John Bruno Regie – außer er tauchte selbst. John war in Jims Abwesenheit auch für sämtliche Dreharbeiten auf der *Keldisch* verantwortlich. Tatsächlich aber krabbelte Jim nach jedem Tauchgang so schnell wie möglich aus der *Mir* und stellte sich sofort hinter die Kamera, um die Bergung des zweiten Tiefseefahrzeugs zu filmen.

Vor dem Anlegen der Schwimmanzüge musste sich jeder Taucher ins Logbuch der Russen eintragen. Lydia, Mitglied der *Keldisch*-Mannschaft, teilte die Ausrüstung aus. Ihrem Gesichtsausdruck nach war man gut beraten, keine dumme Frage zu stellen oder ihr gar zu widersprechen. Es war übrigens Lydia, die Bill verboten hatte, auf dem Schiff zu pfeifen. Es herrscht nämlich unter Seefahrern der Aberglaube, dass Pfeifen den Sturmwind weckt.

Am späten Vormittag drangen die ersten Sonnenstrahlen durch die Wolken. Jim stieg in die *Mir-1*. „Bis nachher im Sonnenschein", rief er und verschwand grinsend in der Luke.

Bill seufzte. „Jetzt ist der Augenblick der Wahrheit gekommen", sagte er und kletterte in die *Mir-2*.

Während wir aus sicherer Entfernung zuschauten, wurde die *Mir-1* ausgesetzt. Sie war noch mit einem dicken Tau an einem seitlichen Kran festgezurrt. Zwei riesige

Unten: Die *Mir-1* wird in einer Abfolge gründlich trainierter Manöver seeklar gemacht. Die »Cowboys« auf dem Schlauchboot rechts bereiten sich für den Sprung auf den Rücken der *Mir* vor, um das Tau des Krans zu lösen. Sobald das Motorboot die *Mir-1* von der *Keldisch* weggeschleppt hat, kann der Tauchgang beginnen. Gegenüberliegende Seite, links: Schenja Tschernijew schließt die Luke der *Mir-2*, bevor sie ausgeschwenkt wird. Rechts: Der »Titanic«-Schauspieler Bill Paxton (r.) erblickt zum ersten Mal durch das Bullauge das Wrack der *Titanic*

Greifer packten das Tiefseeboot, um zu verhindern, dass es in der Luft hin und her pendelte, und brachten es in Position. Es war der Anfang eines bis ins kleinste Detail choreografierten Vorgangs. Das Motorboot *Koresch* befand sich bereits im Wasser, darin der junge russische Fahrer Lew, genannt „der Lasso-Schwinger", und einer der „Cowboys". An Steuerbord setzte man das Schlauchboot mit einem weiteren Cowboy aus. Das holte zunächst den ersten Cowboy von der *Koresch* ab, steuerte dann die *Mir-1* an. Als sie auf gleicher Höhe waren, wagte einer der Männer den halsbrecherischen Sprung aus dem Schlauchboot auf die *Mir* und löste das Tau.

Anschließend zog die *Koresch* die *Mir*, auf deren Rücken der Cowboy wie ein Rodeoreiter aufrecht stand, von der *Keldisch* weg. Sobald die *Mir* weit genug entfernt war, hängte er das Abschleppseil ab und hüpfte ins Schlauchboot, dessen Fahrer sofort Gas gab. Das Abschleppseil wurde auf die *Koresch* eingeholt. Die *Mir* selbst war nun frei und bereit für die Fahrt in die Tiefen des Ozeans.

Drüben in der *Mir-2* aktivierte Schenja den Schließmechanismus der Luke. Er trug einen stoppeligen hellbraunen Schnurrbart, hatte einen scheuen Gesichtsausdruck und einen Blick, der zugleich aufgeweckt, ruhig und konzentriert wirkte. Sobald er seinen Platz eingenommen hatte, ließ man die *Mir* zu Wasser. Sie trieb noch knapp unter der Oberfläche, als Bill durchs Bullauge blickte und einen Taucher sah, der gerade dabei war, das U-Boot zu fotografieren. Als der Mann davonschwamm und seine Silhouette in den hell schimmernden Fluten entschwand, dachte Bill wehmütig daran, dass das für unzählige Stunden der letzte Anblick von „zu Hause" war.

„Erstaunlich, wie schnell es dunkel wird", bemerkte er, als das U-Boot die oberen lichtdurchfluteten Wasserschichten hinter sich gelassen hatte.

Während die Männer abwechselnd arbeiteten und sich miteinander unterhielten, bahnte sich die *Mir-2* ihren Weg durch die lautlose Finsternis – 300 Meter, 600 Meter – die Fahrt würde etwa zweieinhalb Stunden dauern.

Und plötzlich waren sie auf dem Meeresboden angelangt. Vor ihnen lag eine Fläche aus unauffälligem grauem Schlamm, in dem außer dem Abdruck eines Seesterns und Spuren früherer Landemanöver praktisch nichts zu erkennen war. „Wie die Rückseite des Mondes", sagte Bill, als er durchs Bullauge blickte. Schenja schaltete das Sonargerät ein, das die Fläche vor der *Mir-2* nach dem Zielobjekt – dem Vorschiff der *Titanic* – abscannte. Minuten später tauchte auf dem Monitor ein Bild auf: ein Fries aus bronzefarbenen Rostzapfen, darüber die intakte Reling – im Licht der *Mir*-Scheinwerfer trat der immer noch majestätische Bug der *Titanic* hervor. An Steuerbord erkannten Schenja und Bill den vorderen Anker in seiner Aufhängung, der unter Girlanden von Rost bläulichgrün schimmerte. Das U-Boot schien sich währenddessen wie

Die beiden U-Boote tauchten stets gemeinsam zum Wrack. Während die *Mir-2* den vom Rost zerfressenen Bug der *Titanic* anstrahlte, fingen die Kameras auf der *Mir-1* das dramatische Bild von der gegenüber liegenden Seite des Rumpfes ein

in grellem Schneegestöber voranzutasten, da die Scheinwerferstrahlen von Unmengen schwebender Rostpartikel reflektiert wurden. Dieses Sternengefunkel in der Tiefsee umgab die Taucher während der gesamten Arbeiten am Wrack.

Der orange-weiße Rumpf der *Mir-2* schob sich wie ein seltsamer Käfer näher an die Schiffshaut. Dann stieg das Tauchboot etwas, setzte über die Schiffsnase hinweg und glitt an der Ankerwinde vorbei über das Vordeck, wo die schweren Ankerketten wie Schienenstränge parallel verliefen und sich schon nach einigen Metern unter Schlick und Geröll wieder verloren.

„Da! Die Schiffsmast-Tür!", rief Schenja kurz darauf, als die *Mir-2* am gebrochenen Mast vorbeimanövrierte. Rostzapfen ließen die riesige Säule wie eine mit Spanischem Moos bewachsene Zypresse aussehen. Der Türeingang, durch den die Seeleute das Krähennest erreichen konnten, wenn sie die Leiter im Inneren des Mastes hochgeklettert waren, stand weit offen. Bill meinte später, dieses Schweben über den Schiffstrümmern sei ihm überirdisch vorgekommen – als sei er selbst ein von der *Titanic* stammender Geist. Zugleich war es ungemein aufregend, das Wrack mithilfe neuer Technologien zu erkunden und die Legende leibhaftig zu erleben.

Und schließlich erreichten sie die Brücke, wo sie den Telemotor identifizieren konnten, an dem einst das Steuerrad festgemacht war. Die bronzene Steuersäule glänzte im Scheinwerferlicht.

„Tolle Fahrt!“, entfuhr es Bill, als er aus dem Tiefseeboot kletterte. Später gab er zu, dass ihn dieses erste Taucherlebnis bis ins Mark erschüttert hatte, zeitweilig mit dem Wunsch verbunden, sofort umzukehren. „Ich kam mir wie ein Eindringling vor“, sagte er. „Sie wirkte auf mich, als wenn sie nur schliefe.“ Jim fand die Filmaufnahmen unglaublich. Allein im Verlauf der ersten Stunde habe er mehr brauchbares Material gedreht als während der gesamten achtmonatigen *Titanic*-Expedition von 1995, schwärmte er.

Am 30. August liefen wir wie geplant wieder St. John's an, um die beiden gerade mal bierkastengroßen, ferngesteuerten Kameraroboter und das ROV-Team abzuholen. Bei der Einfahrt in den Hafen empfing uns ein spektakulärer Sonnenuntergang. Die Witterung war spürbar abgekühlt; der Herbst nahte, mit stürmischem Wetter und Orkanwarnungen. Wir durften keine Zeit verlieren.

„Endlich kommen sie auf die *Titanic*“, sagte Jim, als die Roboter für ihre erste Fahrt vorbereitet wurden. „Und das nach drei Jahren Entwicklung.“ Die Premiere in der Tiefe stand ihnen noch bevor.

Am 5. September waren wir zurück an der Untergangsstelle. Der ROV-Pilot Jeff Ledda manövrierte Jake, den blauen Kameraroboter, aus dessen Garage im Inneren der *Mir-2* auf das Deck der *Titanic*. Jim dirigierte den grünen Elwood aus der *Mir-1* an die Seite seines Begleiters. Anschließend bugsierte Jeff den Roboter Jake durch die Öffnung auf der Höhe der vorderen großen Freitreppe. Früher hatte sich dort eine wundervoll verzierte gläserne Kuppel über der Eichentreppe gewölbt, jetzt klaffte an der Stelle ein riesiges Loch, durch das man aber leicht ins Schiffsinnere schlüpfen konnte.

„Okay, wir kommen raus und treffen euch dann auf der Mitte der großen Freitreppe“, meldete sich die *Mir-2* per Sprechfunk, während Jake sich vorwärts tastete.

„Sie sollen sich langsam bewegen“, antwortete Jim.

„Langsam voran“, bestätigte die *Mir-2*.

„Okay, wir sind auf Deck D im Empfangsraum, am Fuß der Treppe“, sagte Jim. „Der Speisesaal ist gleich um die Ecke.“

„Was sollen wir tun?“, fragte einer auf der *Mir-2*.

„Weiter, bis zum Türrahmen“, antwortete Jim ruhig und konzentriert.

„Verstanden.“

„Ein bisschen höher. Ihr seid zu nah am Boden.“

Kein Zweifel: Jake und Elwood schickten tatsächlich Bilder auf die Monitore der *Mir*-Tauchboote, aber ihre 35- und 15-Watt-Strahler gingen in den großen Räumen einfach unter. Es war, als versuchte man, einen Fußballplatz mit einer Taschenlampe auszuleuchten, fand Jim im Rückblick.

Außerdem hatten Jake und Elwood im Nu so viel Schlamm aufgewirbelt, dass kaum noch etwas im Wrack zu erkennen war. Nach der Rückkehr beriet das ROV-Team, wie man es vermeiden könnte, den Schlamm aufzuwühlen. Die Runde entschied sich für eine veränderte Navigationstechnik: Jim und Jeff sollten

Gegenüberliegende Seite, ganz links: Ein aufmunternder Klaps von Bill Paxton für den Kameraroboter Jake vor dem letzten Test in dem kleinen Tauchbecken rechts. Daneben: Die beiden Roboter untersuchen das Bootsdeck, Elwood vorneweg. Knapp hinter ihm erkennt man eine elektrische Winde zum Abfieren der Rettungsboote. Unten: Blick auf den Treppenschacht in Höhe des A-Decks. Eine zerborstene Kristalllampe baumelt an den Drähten von der Decke

die Roboter deutlich entfernt voneinander manövrieren und plötzliche Schwenks ebenso vermeiden wie jeden Bodenkontakt.

Beim nächsten Tauchgang zwei Tage später standen der Speisesalon auf dem D-Deck, der Empfangsraum und die Luxuskabinen neben der großen Freitreppe auf dem Drehplan.

Langsam bahnten sich Elwood und Jake ihren Weg durch die dunkle Höhle, die einst der Speisesaal der Ersten Klasse gewesen war, glitten zwischen rostbehangenen schmiedeeisernen Tischbeinen hindurch, die aus dem Moder zu wachsen schienen. Und plötzlich bot sich Jim und Eric Schmitz an den Monitoren in der *Mir-1* sowie Jeff und Bill in der *Mir-2* ein unerwartetes Bild: zwei reich verzierte Bleiglasfenster, über anderthalb Meter hoch, komplett mit Messinggriffen und Holzrahmen in bemerkenswert gutem Zustand. Knapp dahinter knickten Fußboden und Decke scharf ab: An genau dieser Stelle war das Schiff auseinander gebrochen, bevor es versank.

Gegenüberliegende Seite: Die Aufnahme zeigt das fein gearbeitete, bronzene Schmiedegitter an einer der Türen zum Empfangsraum auf der Steuerbordseite von Deck D. In den kunstvollen Verzierungen treffen sich die Scheinwerfer der *Mir-2* und des Kameraroboters. Rechts: Ein Sideboard aus Mahagoni im Vorraum, darin stapelt sich Geschirr

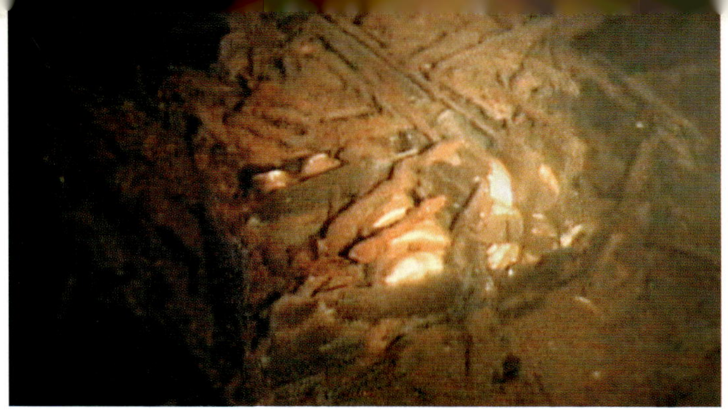

Im bernsteinfarbenen Licht der Kameraroboter erschienen die bleiverglasten Fenster unversehrt und klar. „Sieh dir das an", rief Bill. „Es ist noch alles da, nichts zerbrochen!" Jake und Elwood nahmen den gleichen Weg zurück und durchquerten den Empfangsraum, wo sie noch mehr heile Bleiglasfenster vor die Kameras bekamen. Auch ein Großteil der Wandvertäfelung war erhalten geblieben, sogar die Säulen ragten noch aufrecht bis zur Decke.

Im Bereich der Gangway erfassten die Lichtkegel ein weiteres Meisterwerk: riesige, elegante Flügeltüren mit schmiedeeisernen Ornamenten und schweren Messinggriffen. Sie reichten vom Fußboden bis zur Decke und wirkten kaum vom Meerwasser angegriffen.

In der Nähe der riesigen Gangway-Türen lag ein umgekipptes Mahagoni-Sideboard. Durch dessen verfaulte Rückseite schimmerte es weiß: Das „White Star"-Porzellan hatte – unbegreiflicherweise – den Untergang unversehrt und sauber aufgestapelt überstanden!

Als Nächstes wurden Jake und Elwood behutsam durch fünf luxuriöse Passagierkabinen geschleust. Bill verfolgte die Fahrt auf dem Monitor in der *Mir-2*. Dabei fiel ihm auf, dass von den dünnen Zwischenwänden aus Kiefernholz, im Gegensatz zur schweren Mahagoni-Vertäfelung des Empfangsraums, kaum noch etwas übrig war. Im Durcheinander erkannte er Pfeiler, die sich von nahem als Bettpfosten entpuppten. Auf etlichen der Betten lagen große, rechteckige Kästen – die oberen Liegeplätze, die sich einst an den inzwischen fehlenden Wänden hatten herunterklappen lassen.

Als Jake und Elwood den Fußboden abscannten, kamen mehrere umgestürzte Waschtische ins Bild – sie waren von den schweren Porzellanbecken umgerissen worden, nachdem der Holzrahmen durchgefault war. Plötzlich ein aufrecht stehender Waschtisch, sogar der Spiegel darüber war noch intakt. Auf einem hölzernen Bord daneben stand eine Karaffe, auf einer Ablage darunter ein Wasserglas – als würden sie nur darauf warten, dass sich jemand davon bedient.

Die Kameraroboter befanden sich auf dem Rückweg, als Eric Schmitz in der *Mir-2* auf seinem Laptop eine blinkende Warnlampe auffiel: Die Leistung von Elwoods Batterie, normalerweise 15 bis 16 Volt, ließ dramatisch nach. Dann fiel das Computerbild aus: Der grüne Roboter reagierte nicht mehr. Jim schlug die Hand vor die Augen und ließ den Kopf hängen.

In der *Mir-2* konnten Jeff und Bill erkennen, dass aus Elwoods Gehäuse kleine Luftblasen aufstiegen – offenbar von einer chemischen Reaktion. Der Roboter bekam dadurch Auftrieb und stieg langsam zur Decke des Vorraums auf dem D-Deck an Steuerbord. Nach den Luftblasen zu urteilen, war seine Batterie explodiert.

Dieser Zwischenfall zwang uns zum Umdenken. Plötzlich hatten wir es mit einem weiteren Wrack zu tun. Und es gab nur eine einzige Möglichkeit, Elwood zu retten: Jake musste seinen Roboter-Kumpel aus dem Bauch der *Titanic* holen.

DIE ÜBERRESTE *einer* LEGENDE

Die von James Cameron entwickelten Kameraroboter lieferten nicht nur eindrucksvolle Bilder aus dem Inneren der *Titanic*, sondern auch bisher unbekannte Details, um die Geschichte des legendären Luxusdampfers fortzuschreiben. Sie betreffen vor allem Unterschiede zwischen den Schwesterschiffen *Olympic* und *Titanic*. Eine echte Entdeckung waren die zusätzlichen Säulen im Empfangsraum der *Titanic*. Andere Abweichungen betrafen die Ornamente an den Fahrstuhltüren und die Deckenbeleuchtung im Fahrstuhlfoyer. Die Expedition deckte aber auch unbekannte Gemeinsamkeiten auf. So hatten die Bleiglasfenster im Empfangsraum und im Speisesalon der *Titanic* das gleiche Muster, wie sie durch Fotos von der *Olympic* überliefert sind. Auch die Lampen in den Salons und die Flügeltüren zu den Vorräumen auf Deck D waren weitgehend baugleich. Früher malte man sich die *Titanic* anhand der Informationen über die *Olympic* aus. Heute dient das *Titanic*-Wrack dazu, dass wir uns ein Bild von der *Olympic* machen können – mancher Schiffsabschnitt war weder auf dem einen noch auf dem anderen Dampfer dokumentiert worden.

Links: Dem massiven Bug der *Titanic* konnten neunzig Jahre auf dem Meeresgrund wenig anhaben. Er ist das überragende Kennzeichen des berühmten Schiffswracks. Kleines Foto: Der Luxusdampfer der »White Star Line« auf einer zeitgenössischen Postkarte der Kunstverleger und Hoflieferanten Raphael Tuck & Sons. Solche Karten waren an Bord der *Titanic* wie in Geschäften in ganz England erhältlich

Zurück auf der *Titanic*

Das Vordeck und der Mast

Das Vordeck der *Titanic* war praktisch baugleich mit dem der *Olympic* auf dem Foto links. Unten: Ankerwinden und Winschen im Scheinwerferlicht der *Mir-2*

Der Ausguckposten Frederick Fleet (kleines Foto, unten links) und seine Kameraden gelangten über eine Treppe im Inneren des Mastes zum Krähennest (rechts daneben), gut 30 Meter über dem Wasserspiegel. Der umgestürzte Mast liegt inzwischen quer auf dem Welldeck (oben links). Oben: der Eingang zum Krähennest mit den gut erhaltenen Haltegriffen. Die Hängevorrichtung für die Alarmglocke befindet sich noch an Ort und Stelle, die Glocke selbst aber wurde 1987 zwischen herumliegenden geborstenen Schiffsteilen entdeckt

Der Ausguckposten Frederick Fleet

„Hat mir noch irgendjemand hier etwas vorzuwerfen?", herrschte Frederick Fleet die Versammlung nach seiner Anhörung vor dem britischen Untersuchungsausschuss zum Untergang der *Titanic* an. Man hatte den Posten, der als Erster den Eisberg erblickt hatte, genauestens über die Vorgänge jener Nacht befragt. Fleet hatte dem zweiten Ausguckposten Reginald Lee widersprochen, der sich auf dichten Nebel am Horizont berufen hatte. Fleet zufolge war es nur leicht dunstig, eigentlich „nicht der Rede wert". Aufgewachsen war der junge Fleet in einem Waisenhaus, mit zwölf ging er zur See. Im Alter von 16 Jahren hatte er sich zum Matrosen hochgedient, neun Jahre später zum Ausguckposten auf der *Titanic*. Er entging dem Untergang in Rettungsboot Nummer 6. Danach verdingte sich Fleet noch weitere 24 Jahre auf See, meist für einen Hungerlohn. Im Alter verkaufte er Zeitungen auf der Straße in Southampton. Weil er nicht über den Tod seiner Frau hinwegkam, nahm er sich 1965 das Leben.

Die Brücke und das Kapitänsquartier

Die Brücke befand sich auf dem Vordeck (gegenüberliegende Seite, links oben). Daneben eine bekannte Innenaufnahme von der *Olympic*-Brücke. Der Fotograf Francis Browne, Seminarist bei den Jesuiten, reiste an Bord der *Titanic* von Southampton nach Queenstown. Von der gesamten Brücke ist nur noch der Telemotor übrig (großes Foto links). Daran war das Steuerrad

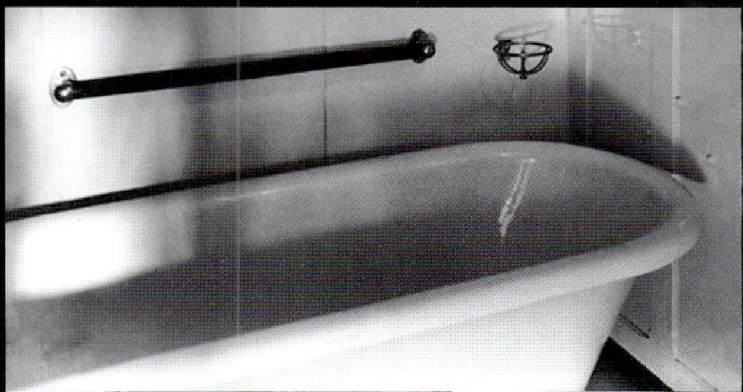

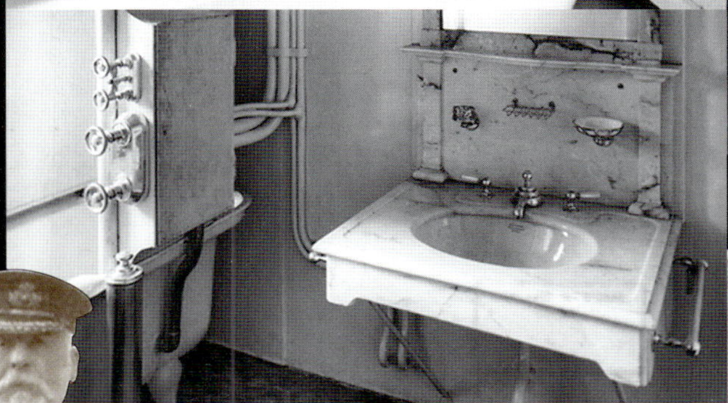

befestigt, das der Quartiermeister Robert Hitchens in der Unglücksnacht hart nach Steuerbord drehte – ein verzweifelter Versuch, dem Eisberg in letzter Sekunde noch auszuweichen. Kapitän Smith (links) verfügte über ein eigenes Bad. Die Badewanne (rechts oben) und das Marmorwaschbecken sind ebenso gut erhalten wie die Leitungen für kaltes und warmes Trinkwasser sowie Meerwasser (rechts unten). Die kleinen Fotos oben zeigen ein vergleichbares Waschbecken und eine ähnliche Badewanne

Zurück auf der *Titanic*

Die Sporthalle

Sie war einer der bei den Passagieren beliebtesten Aufenthaltsorte an Bord und verfällt seit der Entdeckung des Wracks 1985 besonders rasch. Ihr Dach ist eingestürzt, der gesamte Raum sinkt allmählich in das darunter liegende Deck (oben). Erstaunlicherweise erkennt man an der Rückwand (rechts außen, unten) noch deutliche Spuren des alten Dekors (kleines Foto daneben). Links: Eine Besucherin probiert vor der Abreise aus Southampton eines der Sportgeräte aus, das mechanische »Pferd«. Rechts: Der Schriftsteller Jacques Futrelle posiert auf dem Bootsdeck neben den Bogenfenstern der Sporthalle

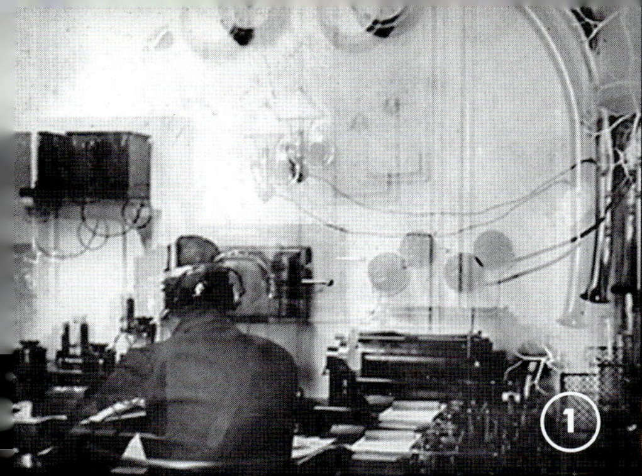

Zurück auf der *Titanic*

Der Marconi-Raum und der »Raum der Stille«

Die Funkstation an Bord der *Titanic* war eine der leistungsstärksten ihrer Zeit im Einsatz auf See. Der Marconi-Raum, in dem Hauptfunker Jack Phillips und sein Assistent Harold Bride arbeiteten, lag mittschiffs auf dem Bootsdeck. Der Sender selbst, ein lauter Apparat, stand in einem schalldicht abgeschotteten Nebenraum, der deshalb »Raum der Stille« hieß. Der Sender war mit der Hochantenne verbunden, die weit über die Schornsteine hinausragte und dadurch Funksignale über Hunderte, ja sogar Tausende von Meilen übertragen konnte. In der Nacht der Katastrophe setzten Phillips und Bride unermüdlich Notrufe ab

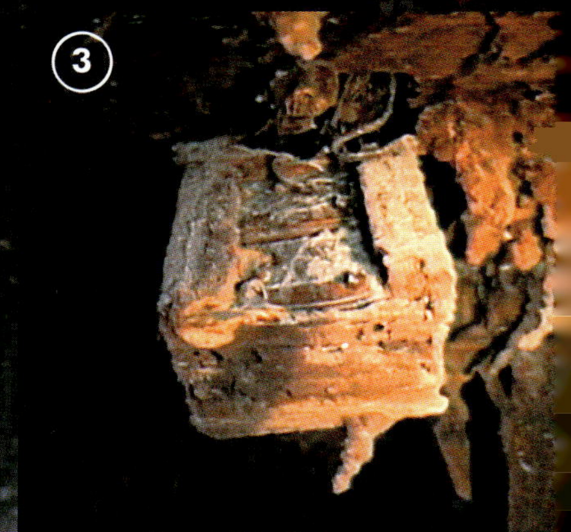

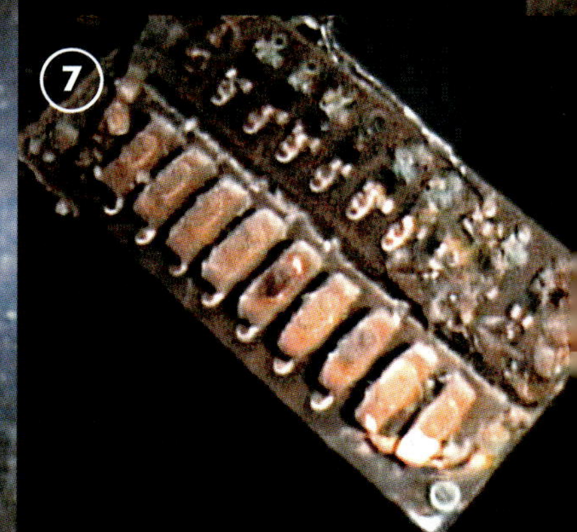

5. Der Zusammenschnitt der Fotos zeigt, was vom Marconi-Raum übrig blieb – von Steuerbord nach Backbord gesehen. Im Hintergrund die Überreste der Trennwand, aus der Drähte hängen, die einst die Sendeanlage mit elektrischem Strom versorgten. Unmittelbar neben der Wandruine erkennt man einen Teil des Umformers (6) aus dem »Raum der Stille«

7. Diese Verteilertafel von der Vorderwand des Marconi-Raums stellte die Verbindung zum Lichtstromkreis her und versorgte den Funksender mit 100-Volt-Gleichstrom. Bei genauerem Hinsehen erkennt man, dass die Heftigkeit, mit der die Sicherungen durchbrannten, die Klemmen verformte und das Holz darunter verkohlte

8. Hauptschalter für die Stromversorgung

Oben: Die Computerrekonstruktion zeigt Jack Phillips, wie er fieberhaft Notsignale sendet. Harold Bride betritt den »Raum der Stille«, um den Sender neu abzustimmen

1. Harold Bride am Morsegerät – auf dem einzig bekannten Foto des Marconi-Raums

2. Ein Rohrpostsystem aus Messing diente dazu, die telegrafischen Nachrichten aus dem Marconi-Raum ins Vermittlungsbüro drei Decks tiefer zu leiten

3. Eine Relaisbox für das automatische Zeitmess-System Magneta: Es steuerte die im Marconi-Raum befindliche Tochteruhr für die Bordzeit auf der *Titanic*

4. Nahaufnahme einer Hochfrequenz-Induktionsspule. Sie fiel, nachdem die Kiefernholzverkleidung verfault war, von der Rückwand des »Raums der Stille« zu Boden

Der »Raum der Stille«

Der »Raum der Stille« ist – wohl dank seiner dicken, stark isolierten Wände, die beim Untergang wie eine Schutzhülle wirkten – weit besser erhalten als der benachbarte Marconi-Funkraum. Als weitgehend unversehrt erwies sich darin der Funksender, der der *Titanic* eine Stimme gab – die wahrscheinlich wichtigste Entdeckung während der Expedition

Links: Vermutlich geben die Schalttafeln (1) und Regler (2) durch ihre massiven Eisenverankerungen dieser Wand Halt. Die Stellung der Feldregler verrät, dass Harold Bride in der Unglücksnacht noch versucht hatte, die letzte Energie aus dem immer schwächer werdenden Generator zu nutzen. Die Stellung des Schalters zum Anlassen des Umformers (links von Nummer 2 in dem Computerbild oben) ist ein Indiz dafür, dass Phillips den Sender vor Verlassen des Raums bewusst abgestellt haben muss

Oben: Der Umformer, bestehend aus Gleichstrommotor (3) und Wechselstromgenerator (4), lagerte auf einer schalldämpfenden Platte. Seine Leistung von fünf Kilowatt war ein Spitzenwert auf Schiffen jener Zeit. Die Funkenstrecke des Knallfunkensenders (5) erzeugte ein Tonsignal von 60 Hertz. Durch diese Modulation war die Aussendung der *Titanic* weitaus besser zu hören als andere Sender jener Zeit, die ihre Funkwellen „tonlos“ aussendeten. Der innen verbleite Teak-Deckel der Sender-Box war meist geschlossen, um das Knallgeräusch der Funkenstrecke zu dämpfen

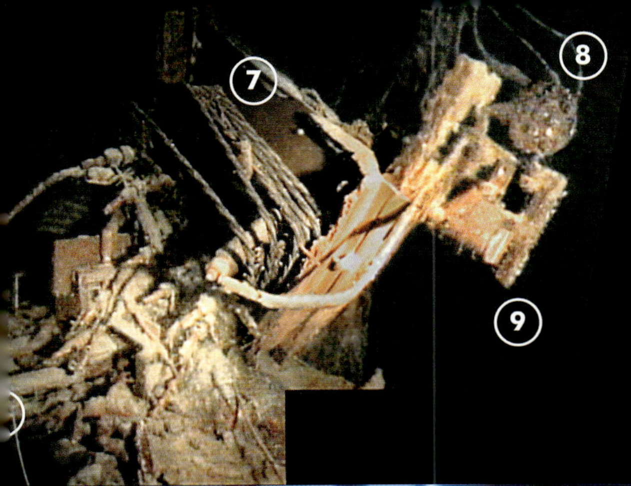

Die Reste der Abstimmungseinheit (Koppelspule, 7) liegen auf den Kondensatoren und Gleichrichtern (6). Masseanschluss (8) und Kontrolllampe (9) sind noch mit dem Stromkreis verbunden. Unten: Blick auf den Umformer. Am Vorabend der Katastrophe hatten die beiden Funker an dieser Stelle fünf Stunden damit zugebracht, die vier Kondensatoren (10) auseinanderzubauen, bevor Phillips den Grund der Störung, einen Kurzschluss im Transformator (11), entdeckte und behob. Kleine Abbildung, unten: Diese Rekonstruktion des Funkerraums auf der *Titanic* beruht auf den während und nach der Expedition ausgewerteten Daten und entspricht der Raumanordnung, die das Foto darunter zeigt

Das Promenadendeck

Gespenstisch still: Das Licht der *Mir-2*-Scheinwerfer dringt wie grelle Sonnenstrahlen durch die Fenster des Promenadendecks auf der Steuerbordseite. Der Boden ist mit einer dicken Schicht aus Schutt, geborstenen Leitungen, Rost und Schlamm bedeckt, rechts aber erkennt man die gut erhaltenen Fenster der Kabinen Erster Klasse und das Geländer. Kleines Foto: So sah die Promenade 1912 aus; Blick nach achtern

Oben: Das unversehrte Schild (Aufschrift: »Diese Tür nur für die Besatzung«) erinnert an die Mannschaft, die in der Unglücksnacht tapfer ihre Pflicht tat und von der nur wenige überlebten. Es hing, wie der Ausschnitt im kleinen Foto zeigt, neben dem Eingang zu einem Treppenhaus, das sowohl zum Bootsdeck hoch als auch hinunter zum B-Deck führte. Die Treppenstufen sind längst verrottet, erhalten aber ist das Geländer, um das ein dickes Seil geschlungen war – es sollte bei feuchtem Wetter besseren Halt geben

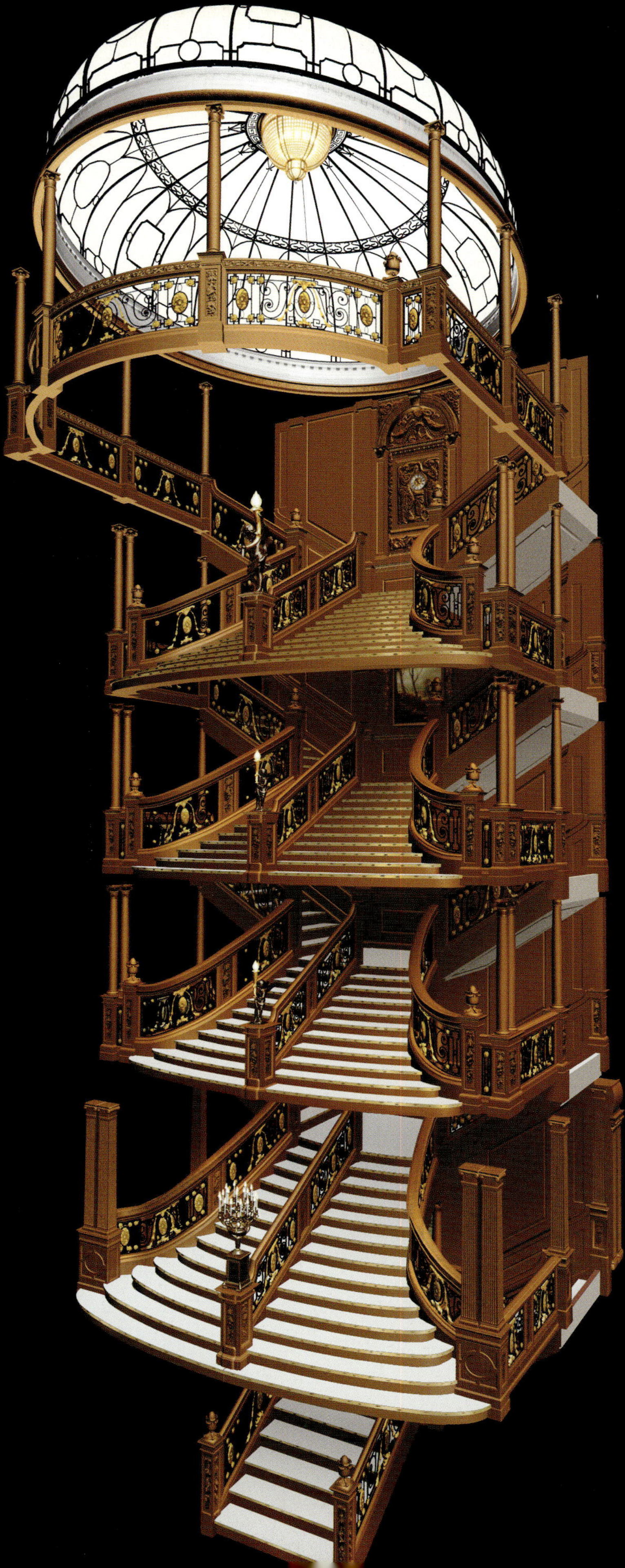

Die große Freitreppe

Die vordere große Freitreppe (links) zeigte auf den ersten Blick den Luxus der *Titanic*. Eine Glaskuppel mit schmiedeeisernen Ornamenten krönte das Treppenhaus, prachtvoll auch die geschnitzte Uhr am oberen Treppenabsatz. Die Stufen führten vom Bootsdeck (Foto unten) über den Treppenabsatz auf Deck A (Foto ganz unten) bis ins E-Deck. An dieser Stelle klafft heute ein riesiges Loch (rechts), aus dem nur noch Pfeiler ragen. Die Treppe war aus Eiche; vermutlich ist sie beim Untergang in kleine Stücke zerborsten, die an die Wasseroberfläche geschwemmt wurden

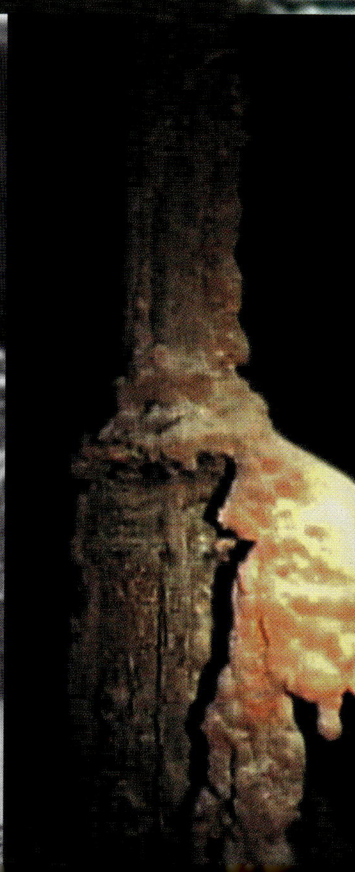

Das Treppenfoyer auf Deck A erreichte man entweder von der Promenade oder vom Bootsdeck aus. Das große Foto oben zeigt die Überreste des Foyers, das kleine Werbebild rechts den Zustand von 1912. Nach 90 Jahren unter Wasser sind die mit geschnitzter Eiche verkleideten Stahlsockel (links außen) immer noch gut zu erkennen (links und oben), Stufen und Geländer jedoch wurden vermutlich von Mikroorganismen zerfressen

Die eleganten Kristalllampen mit vergoldeten Fassungen (rechts außen) hängen nach wie vor von der Decke des Foyers (rechts), einige baumeln inzwischen nur noch an bedenklich dünnen Drähten (unten). Die Holzverkleidung in der unmittelbaren Umgebung der Leuchten ist erhalten, stellenweise sogar noch deren weiße Lackierung

Die Aufzüge

Mehr Fahrstühle als die *Titanic* und ihr Schwesterschiff *Olympic* bot kein anderer Ozeandampfer ihrer Epoche, allein drei in der Ersten Klasse (links). Unter dem blinden Glas der Anzeigetafel (unten) erkennt man noch vage die Markierungen der einzelnen Stockwerke, die beim Auf- und Abfahren aufleuchteten. Das schmiedeeiserne Gitter (großes Foto rechts) scheint heute noch Unbefugten den Zutritt

zu verwehren – wie auf der historischen Aufnahme eines Aufzugs der *Olympic* von 1912 (kleines Foto unten). Auf jeder Etage wiesen Leuchtschilder (rechts außen) den Passagieren der Ersten Klasse den Weg zu den Lifts hinter der großen Freitreppe. Rechts: Einer dieser Hinweiskästen aus Messing hängt immer noch an der Wand, das Opalglas zerbrach vermutlich beim Untergang

Zurück auf der *Titanic*

Der Empfangssalon

Der Empfangsraum neben dem Speisesalon war ein überaus komfortabler Saal: Exotische Palmen und Plüschteppiche, eine elegante, weiß gestrichene Wandverkleidung aus Mahagoni, dazu Korbmöbel mit gemütlichen Sitzpolstern luden zu stundenlangem Plaudern, Kaffeetrinken oder Musikhören ein (links, Mitte). Einer der reich verzierten Pflanzenkübel auf dem historischen Foto konnte eindeutig identifiziert werden (links, unten). Großes Foto, rechts: Der Kameraroboter Jack gleitet an den unversehrten Bleiglasfenstern des Empfangssalons vorbei – der gleiche Zimmerabschnitt ist auf der Illustration oben dargestellt; beeindruckend die ungewöhnliche Raffinesse des Dekors

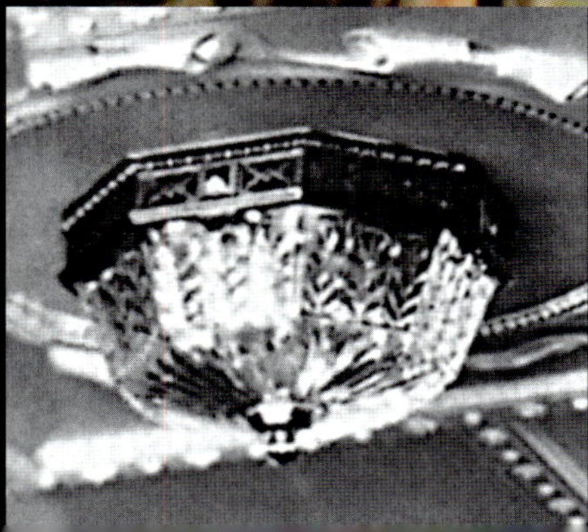

Die stählernen Säulen im Empfangsraum waren mit Holz verkleidet (oben, links), das die Zeit unter Wasser auffallend gut überstanden hat (oben, rechts). In den bogenförmigen Verzierungen leuchtet noch die helle Originalfarbe auf. Die vergoldete Messingfassung, die früher eine fein geschliffene Kristallleuchte hielt (rechts), hängt heute leer von der Decke (rechts außen).

Das Licht der *Mir-2* bricht sich im verschlungenen Muster eines erstaunlich gut erhaltenen Bleiglasfensters. Ursprünglich drang das Tageslicht durch Luken in den Empfangssalon; in der Abbildung unten erkennt man zwei Bullaugen hinter dem Fenster

Der Vorraum auf dem D-Deck

Um an Bord zu gelangen, wurden die Passagiere der Ersten Klasse durch eine Reihe kunstvoll geschmiedeter Türen und einen luxuriös gefliesten Vorraum geführt. Dort öffneten sich weitere verglaste Türen mit aus Bronze gegossenen Gittern zum benachbarten Empfangsraum. Kleines Foto: Ähnlich aussehende Flügeltüren führten aus dem Empfangsraum in den Speisesaal. Gegenüberliegende Seite: Das Glas ist längst zerbrochen, das Bronzeornament aber erinnert an die alte Pracht. Unten: Der Querschnitt eines Teiles von Deck D zeigt den Vorraum, das Treppenfoyer und den Empfangsraum. Oben, rechts: Das geschmiedete Gitter einer Vorraumtür hängt noch in den Scharnieren. Der Bronzegriff hat sich kaum verformt

Es gab keine Fotos von den beiden Vorräumen auf Deck D. Man wusste also auch nicht, wie die Innentüren ausgesehen hatten, bevor James Cameron sie untersuchte (links). Die Rekonstruktion oben beruht auf Filmmaterial und Forschungsergebnissen, die während der Expedition zusammengetragen wurden. Unten: Passagiere strömen über einen Steg an Bord der *Olympic*. Gegenüberliegende Seite: Ein umgekipptes Sideboard im Vorraum steuerbords enthält stapelweise Porzellan mit dem typischen Dekor der »White Star Line«. Darauf wurden vermutlich im Empfangsraum Tee und Erfrischungen gereicht

Der Speisesaal

Vom Salon der Ersten Klasse ist nur der vordere Teil erhalten, der Rest stürzte ein, als das Schiff zerbrach und unterging. Unten: Die kunstvollen Bleiglasfenster vor den Luken sind unversehrt; die Eisengestelle der Tische ragen aus dem schlammbedeckten Trümmerfeld hervor. Der Griff der Gabel ist mit kleinen Sternen verziert, dem Kennzeichen der »White Star Line«

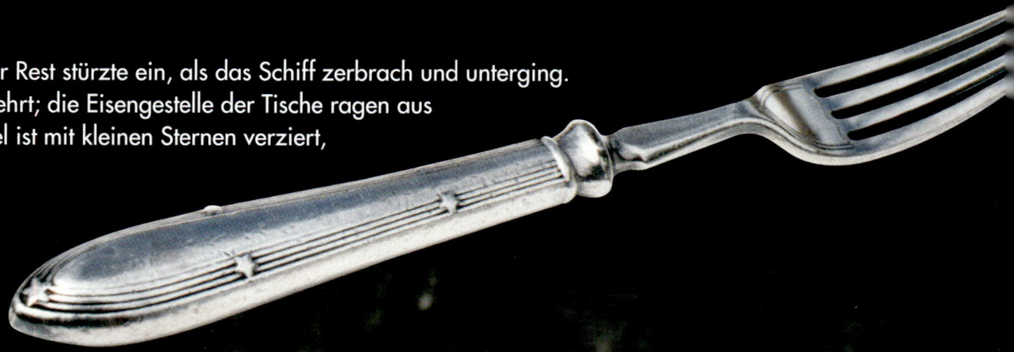

Kleines Foto: Eine Nische im Salon. Oben rechts: Lampenfassungen wie diese aus vergoldetem Messing waren eigens für den Speisesaal entworfen worden. Rechts unten: Ein »Rattenschwanz« genannter Fisch aus der Familie der Dorsche schwimmt an einem gut erhaltenen Bleiglasfenster und Rahmen vorbei

Viertes Kapitel

Auf Erkundungsfahrt durch die *Titanic*

Als ich das erste Mal zur *Titanic* aufbrach, waren die Kameraroboter noch nicht an Bord. Es war am 25. August beim Mittagessen, nur wenige Tage nach der ersten Tauchfahrt der *Mir*-Unterseeboote, als Jim plötzlich erklärte, ich sei am nächsten Tag mit dabei. So früh hatte ich das nicht erwartet und fühlte mich etwas überrumpelt. Beklommen schaute ich zu Ken. Doch der schien belustigt. Ich las aus seinem Gesichtsausdruck so etwas wie „Jetzt hat er dich erwischt!" – bis Jim hinzufügte: „Und du, Ken, fährst mit Lew in der *Mir-2*."

Mir schlug das Herz bis zum Hals. Es war also so weit: Ich würde die *Titanic* sehen. Als Jim mich zur Expedition einlud, wusste ich, dass man sich eine solch seltene Chance nicht entgehen lassen durfte – trotz aller Risiken. Aber jetzt bekam ich doch Zweifel, ob ich das wirklich wollte: Fast 4000 Meter tief auf den Meeresgrund sinken, stundenlang in einem engen U-Boot ausharren, mit nichts als einer dünnen Stahlhaut zum Schutz vor dem vernichtenden Wasserdruck von 400 Atmosphären. Doch ich machte mir Mut: Jim war ja in der *Mir-1* dabei.

Schlechtes Wetter verhinderte den Tauchgang am nächsten Tag. Lewis Abernathy klagte, jetzt habe er vergebens die Zähne geputzt und seine Zöpfe geflochten. Nach dem Frühstück am Montag, dem 27. August, trafen wir uns im Labor. Das Wetter war gut, es konnte losgehen. Dumm nur, dass ein Transformator der Beleuchtungsplattform „Medusa" den Geist aufgegeben hatte. Die Beleuchtungsmaschine blieb zur Reparatur auf der *Eas* – und Jim musste diesmal unter Wasser mit viel weniger Licht zurechtkommen als sonst.

Ich gab Bill Paxton auf dem sonnigen Deck direkt vor der *Mir-1* ein kurzes Interview und sagte ihm, ich sei mittlerweile völlig entspannt. Dann folgte ich Jim durch die Luke ins Tauchboot.

Noch bevor ich richtig Platz genommen hatte, ermahnte er mich zur Vorsicht. Ich solle bloß nicht mit den Füßen in den Kabeln zwischen Kameras und Aufzeichnungsgeräten hängen bleiben und dadurch zufällig einen Kontakt kappen. Tatsächlich hatten auf dem Boden nur drei Füße Platz – zwei von Anatolij und einer von Jim. Den anderen Fuß schob Jim im Sitzen unter sich. Ich kauerte mit angewinkelten Knien auf der Bank. Schließlich stieg auch Anatolij ein, schloss die Luke und klappte die Leiter hoch.

Während wir uns noch irgendwie einzurichten versuchten, meldete Jim, dass die *Mir* hochgehievt wurde. Ich hatte keinen Ruck gespürt, doch ein Blick durch das winzige Bullauge bestätigte, dass wir tatsächlich über dem Ozean baumelten. Es war kurz nach 10 Uhr morgens.

Während wir absanken, überprüfte Anatolij die Ausrüstung und stellte dabei fest, dass sich die Scheinwerfer gleich neben den Bullaugen zwar nach oben und unten, nicht aber nach links und rechts schwenken ließen. Unter solchen Bedingungen, fand Jim, sei das ganze Unternehmen für die Katz

Rechts: Vor dem Abtauchen werden die Mini-U-Boote zunächst in einen sicheren Abstand von der *Keldisch* geschleppt. Unten: Start zur zweieinhalb Stunden langen Tauchfahrt der *Mir-1*. Anfangs strahlen noch die Außenscheinwerfer. Bald darauf aber schaltet die Besatzung sie ab, um Energie zu sparen

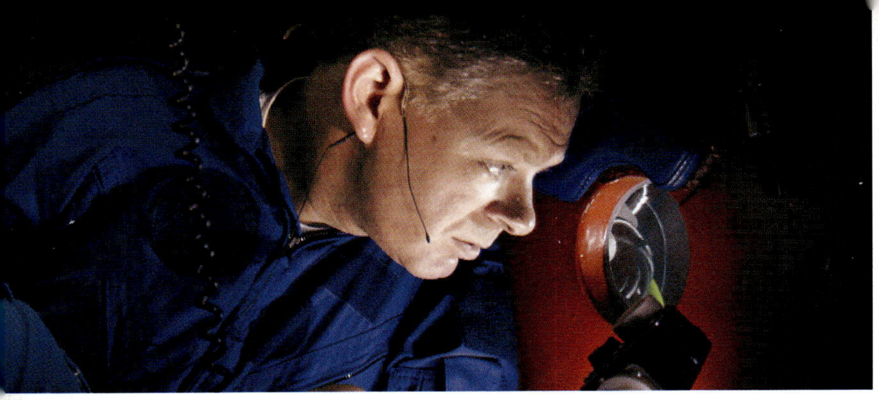

Links: Ausgestattet mit Kopfhörer und Mikrofon, beobachtet Don Lynch das Wrack durch ein Bullauge der *Mir-1*.
Gegenüberliegende Seite: Die Backbordseite der *Titanic* ragt wie eine uneinnehmbare Festung aus dem Meeresboden

und wollte die Fahrt abbrechen. Doch Anatolij gab nicht auf. Nach etlichen Versuchen reagierten die Lichtgalgen auf die Kommandos, und wir konnten uns beruhigt zurücklehnen. Meine Aufgabe war es, zu jeder Stunde die Zeit anzusagen, außerdem darauf zu achten, dass die Innenkameras ununterbrochen liefen und keine unserer Bewegungen verpassten.

Als wir uns dem Meeresboden näherten, schaltete Jim die Außenlichter an. Dabei fiel ihm auf, dass die so genannte Matte-Box ins Bild ragte. Dieser vor das Objektiv montierte Trichter soll seitlich einfallendes Licht von der Linse fernhalten. Nun wurde er durch die Lichtbrechung unter Wasser sichtbar. Was tun? Kurz vor dem Ziel stellte sich für Jim erneut die Frage, ob er die Fahrt nicht besser abbrach. Doch jeder hütete sich, ein Wort zu sagen, also machten wir einfach weiter. Später erklärte Jim, er habe darauf vertraut, trotz allem brauchbares Filmmaterial zu bekommen – wenn auch keine 3-D-Aufnahmen.

Plötzlich zeigten sich Veränderungen auf dem zuvor dunklen Monitor: der Meeresboden. Er wirkte grau und weich, eine in Jahrmillionen aus Ablagerungen gebildete schlammige, gleichmäßige Fläche, nur hier und da Spuren von einem Aufprall oder einer Bewegung, wo ein Grenadierfisch angestoßen war.

Nun hielt es Anatolij nicht länger auf seinem Platz. Rastlos wechselte er von einem Bullauge zum anderen. Um besser sehen zu können, setzte ich mich halb auf und stützte mich auf die Ellbogen. Kurze Zeit später meldete das Sonargerät ein riesiges Objekt voraus – es erwies sich als der untere Teil des Schiffsrumpfes, eindeutig, weil mit rotem Korrosionsschutz gestrichen. Er warf einen gigantischen Schatten, und es durchfuhr mich, als ich nach all den langen Jahren mit Fotos von der *Titanic* das Schiff jetzt wirklich und wahrhaftig vor mir liegen sah. Der Anblick machte mich sprachlos. Ich war überwältigt.

Hinter dem roten Schiffsleib gab es nur Finsternis. Die Scheinwerfer der *Mir* schlugen schmale Lichtschneisen. Ich kam mir unendlich allein vor – ein Gefühl, das durch schemenhaft vorbeihuschende Grenadierfische oder einen verloren wirkenden Seestern auf dem schlammigen Meeresgrund nur verstärkt wurde.

Mit einem Mal aber ragte da eine hohe Stahlwand direkt vor uns auf – die Steuerbordseite der *Titanic*, die sich beim Aufprall vor über neunzig Jahren fest in den Boden gerammt hatte. Anatolij steuerte die *Mir* nach oben, und Jim machte im trüben Wasser die ersten Details aus: die Decks F, E und D. Wir waren nicht mal einen Meter vom Rumpf der *Titanic* entfernt, wie seinerzeit die Passagiere beim Abfieren der Rettungsboote. Wir legten praktisch denselben Weg zurück wie die Insassen des Bootes Nummer 7, das als Erstes mit nur 28 Menschen an Bord zu Wasser gelassen worden war. Wir glitten am Promenadendeck A der Ersten Klasse

vorbei und über das Bootsdeck hinweg, das mir viel breiter als auf den Fotos vorkam – was, wie ich später begriff, an den fehlenden Rettungsbooten lag.

Die starke Strömung machte Anatolij zu schaffen. Er nahm Kurs auf den Bug, driftete aber minutenlang vom Wrack weg, bevor er das Tauchboot wieder in den Griff bekam. Wir stoppten schließlich neben dem Wellenbrecher, um auf die *Mir-2* zu warten.

Während die Minuten verrannen, wurde uns allmählich klar, dass der Kontakt zum Schwester-U-Boot schon länger unterbrochen war. Zuletzt hatte die *Mir-2* ihre Position etwa 20 Meter hinter dem Bug durchgegeben, jetzt aber hörten wir nichts mehr von ihr. Vermutlich verhinderte das riesige Wrack, das zwischen den beiden Tauchbooten lag, die Verständigung über das gemeinsame akustische Kommunikationssystem UQC. Endlich meldete sich *Mir-2* wieder: Sie befand sich auf der Steuerbordseite des Bootsdecks, in Höhe der Davits für das Rettungsboot Nummer 1. Jim bat Anatolij, dorthin zu steuern.

Aber so sehr er sich auch mühte, er kam nicht in die gewünschte Position. Jim wollte, dass die *Mir-2* das Bootsdeck von der Seite anstrahlte, während wir achtern daran entlangglitten; doch mal lagen wir zu hoch, mal zu tief. Und zuletzt driftete sogar die *Mir-2* weg, sodass ihr Licht direkt in unsere Kameras strahlte. Jim schien dabei völlig gelassen, als ich mich aber einmal zu ihm hindrehte, rollte er mit den

An Steuerbord ist nur noch der vordere Davit erhalten, aus dem das Rettungsboot 1 und das Klappboot C abgefiert wurden

Augen und murmelte, eine brauchbare Einstellung hinzukriegen sei offenbar eine ähnliche Plackerei wie die Arbeit mit Hacke und Schaufel.

Plötzlich fiel Jim auf, dass die Bänder für die 3-D-Kameras abgelaufen waren. Tatsächlich hatte ich, von der *Titanic* gebannt, komplett vergessen, zur vollen Stunde daran zu erinnern, dass neue Cassetten eingelegt werden mussten. „Don, das war dein Job!“, fuhr er mich an. Ich hatte zwar den Timer programmiert, den man mir gegeben hatte, ohne jedoch zu merken, dass die 3-D-Kameras schon länger liefen als die Miniatur-Kameras im Bootsinneren. Sonst hätte ich bestimmt die Laufzeit der anderen Cassetten mit meiner eigenen Uhr kontrolliert. Jim war richtig sauer: Er wollte wirklich jede noch so kleine Regung dokumentieren. Allmählich aber beruhigte er sich wieder und gab schließlich demjenigen die Schuld, der einen zweiten Timer hatte besorgen sollen.

Als Nächstes wollten wir auf der Backbordseite des Oberdecks drehen. Wir schwebten über den Schiffsrumpf und einen Krater hinweg, wo einst ein Schornstein gestanden hatte, am Marconi-Raum vorbei, hin zu der Stelle, an der sich einst die große Freitreppe befunden hatte. Der vorderste Davit auf dieser Deckseite war völlig unversehrt. Wir baten die Kollegen in der *Mir-2*, den Schwenkarm und seine Umgebung auszuleuchten.

Die Strahler der *Mir-2* tauchen das Bootsdeck an Backbord, unweit der Offiziersunterkünfte, in ein fahles Licht

Während wir filmten, leuchtete ein Lämpchen der Schalttafel auf, und ein Alarmsignal ertönte. Aber Anatolij schaltete beides einfach ab und machte ungerührt weiter. Jim, der das Tauchboot kannte wie seine Westentasche, erklärte, dass Wasser ins hydraulische System eingedrungen sei – kein wirklich ernstes Problem. Das nähme ich stark an, sagte ich, sonst würde er wohl nicht so seelenruhig die nächste Einstellung vorbereiten. Jim grinste nur und knurrte, da solle ich mir besser nicht so sicher sein.

Wir glitten weiter voran bis zum Absatz vor der Freitreppe, wo die Kapelle der *Titanic* in der Unglücksnacht bis zuletzt gespielt hatte. Jim wollte etwas ausprobieren. Er wollte vom Deck aus filmen, während die *Mir-2* mit vollem Scheinwerferlicht und außerhalb des Bildausschnitts auf uns zukommen sollte. So würde das Bootsdeck Abschnitt für Abschnitt angestrahlt, im Lichtkegel der Scheinwerfer für wenige Sekunden seinen Zustand offenbaren und gleich wieder ins Dunkel zurückfallen.

Nachdem der Hydraulikalarm zum wiederholten Male angesprungen war, beendeten wir den Tauchgang. Jim wickelte sich ein Handtuch um den Hals, schob sich eine gefaltete Decke als Kissen in den Nacken und schlief sofort ein – die Chance ließ er sich nicht entgehen. Ich selbst lag auf dem Rücken, den linken Fuß auf der Lehne von Anatolijs Sitz, den rechten an der kalten Wand des Tauchboots. Kondenswasser tropfte herunter, ein völlig normaler physikalischer Vorgang; trotzdem gingen

mir ständig Bilder von Lecks durch den Kopf. Zwanghaft mied ich jeden Blick zur Luke. Sie erinnerte mich fatal an den Schwindel erregenden Druck, der auf uns lastete.

Der Wiederaufstieg kam mir viel langsamer als die Tauchfahrt vor, obwohl beides gleich lang dauerte. Kurz nach 17.30 Uhr wurde es vor den Bullaugen tatsächlich heller, und kurz darauf lag die *Mir* auf den Wellen.

Wir stiegen noch bei Tageslicht aus dem U-Boot. Über uns wölbte sich ein klarer Himmel, am Horizont zogen kleine Wolken. Nach so vielen Stunden ohne Bewegung fühlte ich mich wacklig auf den Beinen. Ich kletterte langsam die Leiter hinab und landete endlich sicher an Deck, überglücklich über den Verlauf meines ersten Tauchausflugs.

Kaum an Bord, übernahm Jim gleich wieder das Kommando. In der *Mir* hatte er sich beherrscht, doch jetzt ließ er seinem Zorn über die Probleme mit der Matte-Box, dem Lichtschutz vor der Kamera, freien Lauf. Dann bellte er die Jungs an, die den Kran für eine der seitlichen 3-D-Kameras auf der *Keldisch* bedienten. Sie hatten damit das Einholen der *Mir-2* gefilmt. Durch das Gewicht bekam das Schiff Schlagseite nach Steuerbord. So war es jedes Mal, wenn eine *Mir* aufs Wasser abgesetzt oder zurück an Deck geholt wurde – durch die Schräglage des Schiffes rutschten unter Deck Gegenstände von den Tischen.

Am 9. September, zwei Tage nach dem Totalausfall des Kameraroboters Elwood, rief Jim mich in seine Kabine. Er sagte, dass ich auch am nächsten Tag tauchen würde – wieder in der *Mir-1*. Für das Schwesterboot waren zwei neue Passagiere vorgesehen: Charlie Pellegrino, ein Paläontologe und Autor zweier Bücher über die *Titanic*, der vor allem die Rostzapfen untersuchen wollte, und John Broadwater, ein Marinearchäologe der National Oceanographic and Atmospheric Administration. Diesmal würden wir uns auf das Heck und das Trümmerfeld voller Wrackteile konzentrieren. Das klang spannend. Diesen Schiffsabschnitt kannte ich noch nicht. Ich war kaum zurück in meiner Kabine, die ich mit Ken teilte, als Jim hereinplatzte. Er wollte von Ken wissen, welchen der Eingänge auf der Backbordseite des D-Decks man benutzen konnte. Er brütete einen Plan zur Rettung von Elwood aus.

Nach einer Besprechung am Modell der *Titanic* kam Jim erneut vorbei. Er hatte seine Pläne geändert: An meiner Stelle würde der ROV-Pilot Jeff Ledda tauchen und ich erst einen Tag später, zusammen mit Ken – am 11. September. Das war der letzte Tag vor der Rückfahrt nach St. John's. Jim war entschlossen, alles auf eine Karte zu setzen und so viel Filmmaterial wie möglich mitzubringen. Er saß da auf Kens Bett, erzählte von der Entwicklung der Kameraroboter und dass er vorhatte, das benutzte Glasfaserkabel wieder einzusammeln, anstatt darauf zu vertrauen, dass es sich innerhalb von fünf Jahren angeblich von selbst auflöste. Bei den drei letzten

Gegenüberliegende Seite, links außen: Jim Cameron plant den nächsten Tauchgang am Modell des *Titanic*-Wracks und mit Mini-Tauchbooten, an denen winzige Kameras befestigt sind. Aus deren Bildern, auf Monitore übertragen, ergeben sich die späteren Positionen für Licht und Kamera und die richtigen Einstellungen im Detail. Daneben: Ken Marschall (links) und Kommandant Schenja Tschernijew lächeln an Bord der *Mir-2* in die Kamera

Tauchgängen waren Hunderte Meter Glasfaser abgespult worden, die nun überall auf dem Wrack lagen. Jim sprach über seine Arbeit und dass er in Krisensituationen zur Hochform auflaufe, alles andere für ihn so etwas wie Schlafwandeln sei. Er setze sich immer wieder Ziele außer Reichweite – *nur* um herauszufinden, wo seine wirklichen Grenzen seien.

Während der Produktionsbesprechung am 11. September ging Jim die Dreharbeiten durch und stellte seinen Plan zur Rettung Elwoods vor. Sicher sei noch nicht alles genau ausgearbeitet, und einiges wolle er auf dem Weg nach unten bedenken. Jim war an jedem der bisher sieben Tauchgänge beteiligt, dieser eine aber sollte wesentlich zügiger als die anderen verlaufen.

Es war an jenem Morgen warm, die See spiegelglatt wie schon seit Tagen nicht. Wie üblich wurde zuerst die *Mir-1* ausgeschwenkt, mit Jim, Jeff und Anatolij an Bord. Kurz nach 11.30 Uhr kam die *Mir-2* mit Ken, Schenja und mir an die Reihe.

Etwa eine Stunde später, wir befanden uns mitten im Abstieg, rief John David Cameron seinen Bruder Jim über UQC-Sprechfunk. Wir konnten in unserem Tauchboot mithören. Die Nachricht bestand aus einer Reihe von Hauptwörtern und kam mir zuerst wie eine codierte Botschaft vor.

„*Keldisch*? *Mir-1*!", sagte Jim. „Wir können nichts verstehen. Over."

John David wiederholte die Botschaft, Jim bestätigte. Dann teilte uns John David mit, dass der gesamte Flugverkehr in den USA eingestellt worden sei.

„Verstanden, *Keldisch. Keldisch, Mir-1*", antwortete Jim.

„Verstanden: Terrorangriff, World Trade Center. Flugverkehr gestoppt. Over."

Ich dachte gleich an das Bombenattentat von 1993 auf das World Trade Center in New York. Aber wieso hatten sie den Flugverkehr eingestellt? Was hatte das eine mit dem anderen zu tun?

Ken sah Schenja und mich an und wunderte sich: „Wieso erzählen sie uns das jetzt?"

„Was gibt's?", fragte Schenja, der die Nachricht von der *Keldisch* nicht verstanden hatte. „Was ist los?"

„Ich weiß es nicht", antwortete Ken. „Soll das ein Witz sein?"

Auch Jim wurde aus den Stichworten nicht schlau.

„*Keldisch*? *Mir-1*!", rief er. „Ich verstehe nicht. Sollen wir den Tauchgang abbrechen? Over."

„*Mir-1*? *Keldisch*! Kein, ich wiederhole, kein Abbruch des Tauchgangs. Over!", antwortete John David.

Auch diesmal kein Hinweis, wieso man uns überhaupt diese Nachricht übermittelt hatte.

„Er hat von einem terroristischen Anschlag auf das World Trade Center gesprochen und dass alle Flüge ein-

Gegenüberliegende Seite: Im Scheinwerferlicht eines *Mir*-Tauchbootes zeichnet sich die Reling am Bug der *Titanic* ab. Das Bild verrät nichts über die zerstörerischen Kräfte, die das leck geschlagene Schiff schließlich zerrissen

gestellt worden seien", sagte ich zu Ken und Schenja. Ich begriff, dass etwas Schlimmes geschehen sein musste, das sich auf unseren Tauchgang auswirken würde.

„*Keldisch*? *Mir-1*! Okay", antwortete Jim, „haltet uns auf dem Laufenden. Wir machen weiter. Over und Ende."

Während des restlichen Abstiegs schwirrte uns der Kopf vor lauter Fragen. Drüben in der *Mir-1* hatte Anatolij, ähnlich wie Schenja, nur mit halbem Ohr zugehört. Auch er ging davon aus, dass, falls er irgendwie betroffen sei, der Funkspruch auch auf Russisch durchgegeben worden wäre. „Tolja", sprach ihn Jim mit seinem Kosenamen an, „Terroristen haben das World Trade Center angegriffen."

„Was?", rief Anatolij, völlig perplex.

„Terroristen haben das World Trade Center angegriffen. Die ganzen Vereinigten Staaten sind in Alarmbereitschaft. Der Flugverkehr ist eingestellt."

„Ich verstehe", antwortete er. Anatolij wusste, wie wir auch, dass er nichts ausrichten konnte.

Jim drehte sich zu Jeff, der den Kameraroboter steuerte, und sagte: „Irgendwie rückt das die Verhältnisse zurecht. Wir stöbern hier in diesem 90 Jahre alten Wrack herum, doch das wirkliche Leben spielt sich woanders ab."

Es wurde still. Schenja stützte seinen Kopf mit einer Hand ab und ruhte sich aus – er hatte bis in die tiefe Nacht gearbeitet, um die U-Boote nach dem vorigen Tauchgang zu überholen.

Plötzlich nahm Anatolij über UQC Kontakt auf Russisch auf. Schenja blickte zum Sonargerät. „Siehst du das?", fragte er mich und klopfte an den Bildschirm.

„Ja", antwortete ich.

„Das ist die *Mir-1*."

Dann wandte er sich der Schalttafel zu. Durch das Bullauge konnte ich drei Lichter erkennen, keine 15 Meter entfernt. Anscheinend trudelten wir spiralförmig abwärts, denn die *Mir-1* drehte bald nach Backbord und verschwand aus unserem Blickfeld. Schenja versuchte fieberhaft, die Leistung der Triebwerke zu steigern, und sprach ununterbrochen mit Anatolij, um zu verhindern, dass sich die beiden U-Boote in die Quere kamen. Schließlich hatten sie das Problem im Griff, und die beiden gingen auf sichere Distanz. Als die brenzlige Situation ausgestanden war, sagte ich scherzhaft, dass man nun wirklich nicht damit rechnen könnte, in einem Ozean von der Größe des Atlantik auf alte Bekannte zu treffen. Obwohl ich versuchte, den Vorfall herunterzuspielen, ließ uns der Schrecken lange nicht los.

Dabei waren die beiden *Mir*-Boote wie üblich im Abstand von einer halben Stunde ausgeschwenkt worden, um eine solche Gefahr zu vermeiden. Schenja spekulierte, die *Mir-1* habe ihre Triebwerke vielleicht kurz ausgeschaltet, um sich nicht zu weit von uns zu entfernen. Dabei war sie wohl seitwärts abgedriftet, statt weiter Tiefe zu gewinnen. Die Kommandanten jedenfalls waren auf solch eine Situation

überhaupt nicht vorbereitet. Die U-Boote waren jetzt 14 Jahre alt, und keiner der beiden Seeleute konnte sich erinnern, je etwas Ähnliches erlebt zu haben.

Die Aufregung um den Beinahe-Zusammenstoß der Tauchboote verdrängte die beunruhigenden Nachrichten von der *Keldisch*. Unten angekommen, konzentrierten wir uns auf die Arbeit, alles andere war vergessen. Diesmal hatte ich eine weit bessere Sicht als beim ersten Mal – zum Beispiel auf einen ungeheuer großen Seestern, der von kleineren Artgenossen umgeben auf dem Meeresboden lag.

Sobald die *Mir-1* meldete, dass sie am Wrack eingetroffen war, drehten wir auf und kamen schnell voran. Ken schaute durch ein Bullauge – er hatte etwas entdeckt. Erst konnte ich nichts sehen, doch dann erkannte ich direkt vor uns den Bug der *Titanic*. Beim vorigen Mal waren wir seitlich am Schiffsrumpf entlanggeschwommen, jetzt aber steuerten wir direkt auf die Vorpiek zu, gewannen Höhe und zogen daran vorbei.

Langsam glitt das Tauchboot über den Bug auf die Decksaufbauten zu. Die Rostzapfen glühten kupfer- und bernsteinfarben, noch schöner, als ich sie in Erinnerung hatte. Obwohl

Unten: Der gestürzte Vormast, an dem einst das Krähennest hing, von dem aus der Ausguckposten Frederick Fleet den tödlichen Eisberg erblickt hatte, ist heute von Rost bedeckt. Gegenüberliegende Seite, links: Sorgfältig steuert Schenja Tschernijew die *Mir-2* über ein großes Loch hinweg – an der Stelle war einst die prächtige Freitreppe. Daneben: Jake bahnt sich seinen Weg zum Empfangsraum, um den defekten Roboter Elwood nebenan zu bergen

die Scheinwerfer der *Mir-1* viel reflektierenden Rost aufgewirbelt hatten, zeichneten sich selbst Einzelheiten scharf ab. Die Risse zwischen den Stahlplatten des zerborstenen Mastes waren deutlich zu sehen. Daneben die hohen Frachtkräne, deren Arme groteske Schatten warfen. Was war das da unten? Wir folgten Jims Anweisungen, setzten über die Kommandobrücke und steuerten auf der Backbordseite nach achtern. Er wollte, dass wir uns, mit dem Blick nach vorn, am Rand des Bootsdecks aufbauten und unseren Scheinwerfergalgen an der Bordwand herunterhängen ließen. Dort würde er hinkommen, sobald Elwood gerettet war.

Vorher allerdings mussten wir bei der Bergung Beistand leisten. Das Tauchboot steuerte zur großen Freitreppe, um für Jim mit den Scheinwerfern hineinzuleuchten. Es war schwierig, dort eine stabile Position zu finden – man konnte jederzeit ins Treppenhaus abstürzen oder durch das morsche Deck brechen. Doch der erfahrene Schenja schaffte es. Im Licht unserer Scheinwerfer schob sich der Kameraroboter Jake ins Treppenhaus, hin zum Vorraum des Empfangssaals auf Deck D.

Sobald der Roboter an der langen Leine der *Mir-1* das Treppenhaus verlassen hatte, nahmen wir Kurs Backbord zum D-Deck, wo wir die offene Tür anstrahlen sollten. Schenja platzierte die *Mir-2* unmittelbar neben den Eingang. Während wir mit der Strömung langsam daran vorbeitrieben, richteten wir unsere Scheinwerfer ständig auf die Öffnung. Waren wir zu weit abgedriftet, setzte Schenja wieder zurück. Dabei blieben die Lichter immer auf den Eingang gerichtet. Die Sicherheit, mit der er die komplizierten Manöver fuhr, machte mich sprachlos. So wie die Operation ablief, konnte sich Jakes Steuermann an unseren Strahlern orientieren.

Der Rettungsversuch – ein High-Tech-Manöver des 21. Jahrhunderts vor der Spitzentechnologie des vorigen Jahrhunderts – hing ab von einer erstaunlich simplen Vorrichtung. Nachdem sich Jim für die Bergung entschieden hatte, war das ROV-Team damit beschäftigt, Abschleppmöglichkeiten für Elwood auszutüfteln. Lewis Abernathy hatte die zündende Idee: Jake sollte mit einem Kleiderbügel ausgerüstet werden, der sich im Glasfaserkabel an Elwoods Propellern einhaken würde. Seinen „Kumpel" derart im Schlepptau, sollte Jake vorsichtig zur Mutterstation zurückschwimmen.

Der Plan erschien simpel, aber es konnte eine Menge schief gehen. Jake war nicht auf den Zentimeter genau so zu steuern, dass er Elwood ohne weiteres hätte einfangen können. Er musste dem defekten Roboter einen Stoß versetzen, damit der Kleiderhaken auch wirklich im Kabelgewirr hängen blieb. Sollte der Haken sein Ziel verfehlen und stattdessen an Elwoods Rumpf abprallen, wäre er vermutlich verbogen und für einen weiteren Versuch unbrauchbar. Außerdem war unbekannt, ob die Batterieexplosion Elwoods Kabelspule beschädigt hatte. Wenn Jake erst mal an Elwood festhing, wir aber erst dann feststellen sollten, dass sich die Leine nicht ausrollen ließ, waren beide Roboter verloren. Zur Sicherheit hatte man

deshalb auch eine Art Schneidevorrichtung an Jakes Rumpf angebracht, um im Notfall die Verbindung zwischen den beiden zu kappen.

Die Rettungsaktion war gründlich vorbereitet. Jetzt aber, da es Spitz auf Knopf stand, dämmerte uns, dass wir – gemessen an dem Schaden, den wir beheben wollten – eine richtige Katastrophe riskierten. Leider war dies die einzige Chance zur Bergung, also machten wir weiter. Unterdessen durchquerte Jake im Zeitlupentempo den dunklen Vorraum.

Wie erwartet, schwebte Elwood noch immer unter der Decke, wo seine Batterie endgültig schlapp gemacht hatte. Im Licht glänzte sein Gehäuse grünlich und hob sich von der dunklen Wandvertäfelung und der schlammigen Umgebung ab.

„Wo ist er denn, wo ist mein Kleiner?", murmelte Jim, während er und Jeff versuchten, Jake möglichst nah an Elwood heranzubugsieren.

Als die Roboter fast gleichauf waren, sagte er: „Okay, Zeit zum Angriff!"

„Das sieht gut aus", fuhr er fort, „jetzt nach rechts. Fahr mal an, vielleicht kommt er mit."

Nach mehreren Anläufen gelang es Jeff und Jim, sich Elwood zu schnappen. Sie wussten, sie würden es schaffen, wenn der Kleiderhaken oben links aus dem Monitorbild verschwand.

„Ich breche nach rechts aus", hörten wir Jim sagen. Er klang ruhig, obwohl er, ebenso wie Jeff, wusste, wie riskant das Manöver war.

Jeff riet ihm, Jake näher am Boden zu halten und Elwoods Auftrieb stärker zu kontrollieren – würde der nämlich an der Decke entlangscheuern, könnte er rasch in einer dichten Wolke aus Rost und Schlamm verschwinden.

Jim versuchte, Jake in Richtung der *Mir-2*-Scheinwerfer zu steuern. Plötzlich stockte die Operation. „Wir stecken fest. Als würden wir gegen eine Wand rennen. Wir hängen fest", sagte Jim. Er war frustriert, ließ sich aber nicht das Geringste anmerken.

Gegenüberliegende Seite: James Cameron lenkt Jake mithilfe eines Steuerknüppels in der Endphase der Rettungsaktion. Die Anspannung ist ihm deutlich anzusehen. Rechts: Jake schlüpft durch die Eingangstür des D-Decks, mit Elwood im Schlepptau. Manöver geglückt

Tatsächlich war Elwoods Spule bei der Explosion der Batterie beschädigt worden. Das Glasfaserkabel ließ sich nicht ausrollen. Wie sehr man auch daran zog, Elwood rührte sich nicht von der Stelle.

Nach mehreren vergeblichen Anläufen sah Jim ein, dass er die Verbindung zwischen den beiden Robotern kappen musste. Aber auch das wollte nicht gelingen. Nun war er mit seinem Latein wirklich am Ende. Er drehte Jakes Motor hoch und ließ den Roboter mit voller Kraft starten – ein letzter verzweifelter Versuch, Elwood loszueisen.

„Hey! Er kommt!“, rief er aus.

Tatsächlich bewegte sich Elwood wie durch ein Wunder auf die Lichter unseres U-Boots zu. Sie waren mittlerweile auch in Jims Blickfeld gerückt und blendeten ihn. „*Mir-2*, *Mir-2*, dimmt eure Lichter runter. Dimmt eure Lichter runter.“

„Verstanden“, antwortete ich, „runterdimmen.“

Zuerst sahen wir nur Jake, wie er auf die Tür zusteuerte, Elwood aber folgte auf dem Fuß. Eine richtige Roboter-Parade. „Du lieber Gott“, rief Ken, „er hat ihn wirklich!“

„Sag ihnen, sie sollen kontrollieren, ob wir Elwood haben“, sagte Jim zu Jeff, der den Roboter steuerte.

„Könnt ihr Elwood sehen?“, fragte Jeff über Sprechfunk.

„Er sieht großartig aus. Einfach toll“, antwortete ich, aber sie konnten mich nicht verstehen.

„Könnt ihr Elwood sehen?“, wiederholte Jeff.

„Ja, wir sehen ihn“, sagte ich.

„Wir haben ihn!“

Es war wirklich unglaublich: Elwood war gerettet und Jake unversehrt.

Entsprechend aufgekratzt kehrten wir auf die *Keldisch* zurück: Wir hatten Elwood wieder. Er war mit schwarzem, stinkendem Schleim bedeckt, aber in Sicherheit. Michael Maltzman, Bill und Eric empfingen mich an Deck, und ich fing sofort an, von der Bergung zu erzählen. Ich machte mir noch keine Gedanken darüber, dass Erics Miene ernst blieb und so gar nicht meiner Begeisterung entsprach. Nachdem auch Ken aus der *Mir-2* gestiegen war und zu uns kam, berichtete Bill, was geschehen war.

„Die Vereinigten Staaten wurden angegriffen“, sagte er mit gepresster Stimme. „Die Türme des World Trade Centers – durch zwei entführte Passagierflugzeuge.“

Erics Frau war zum Zeitpunkt des Anschlags nur wenige Blocks von Ground Zero entfernt. Er hatte zwar schon vor Stunden gehört, dass sie wohlauf war, doch der Tag hatte ihn furchtbar mitgenommen. Und wir erfuhren jetzt, dass vielleicht zwanzigtausend Menschen umgekommen waren. Es überstieg mein Fassungsvermögen. Entführte Passagierflugzeuge. Die Zwillingstürme eingestürzt. Das Pentagon angegriffen.

Ich war doch nur untergetaucht. Und als ich wieder zurückkehrte, hatte sich die Welt total verändert. Ich stand fassungslos davor.

Auf ihrer Erkundungsfahrt durch das Innere der *Titanic* filmten unsere Roboter zahlreiche Einrichtungsgegenstände wie Messingbetten, Waschtische, Wandregale. Wo aber, fragten wir uns, waren die schweren Schrankkoffer und die Ledertaschen geblieben? Im Trümmerfeld hatten Gepäckstücke und Schuhe die Zeit erstaunlich gut überstanden – möglicherweise hatte die Gerbsäure Mikroorganismen abgeschreckt, oder die zerstörerischen Mikroben waren von der Strömung weggespült worden.

Von den Türen waren fast nur noch Griffe und Beschläge übrig. Bakterien, die sich von organischen Stoffen ernähren, meiden Bettgestelle, Türgriffe oder Scharniere, an denen ständig winzige elektrische Entladungen stattfinden. Die Abneigung mancher Tiefseeorganismen gegen Metall führte zu seltsamen Bildern: Manchmal flatterte ein Stück Tuch auf einem Draht wie auf einer Wäscheleine, oder ein Kleidungsstück auf der Fußstütze eines Bettes mutete an wie eine Jacke, die jemand bereitgelegt und dann doch nicht mehr angezogen hatte.

Oben: Passagiere der Zweiten Klasse flanieren auf dem Bootsdeck, während die *Titanic* vor Queenstown (Irland) ankert. Links: Lily Odell, Reisende in der Ersten Klasse, mit ihren Brüdern Richard und Stanley May. Ihr Sohn Jack posiert mit seinem Fotoapparat. Rechte Seite: Das elegante Kopfteil aus Messing mit vergoldeten Intarsien stammt von einem der Betten aus den Erste-Klasse-Kabinen auf Deck A. Es schimmert im Scheinwerferlicht des Kameraroboters Jake

Die Luxuskabinen

Oben: Diese Werbung der »White Star Line« zeigt eine Kabine der Zweiten Klasse mit einem Komfort weit über dem 1912 üblichen Standard

Oben: Zum Mobiliar dieser Luxuskabine auf dem A-Deck der *Titanic* gehörten ein Sofa, eine Frisierkommode aus Mahagoni und ein Messingbett mit Leselampe. Links: Die Überreste einer Passagierkabine. Neben dem Kopfteil des Bettes liegt eine Lampe auf dem Boden, ihr Kabel hängt noch an der Steckdose. Die Kommode ist längst zusammengebrochen, die unterste Schublade mit dem dekorativen Messinggriff aber blieb weitgehend unversehrt

Rechts: Schlamm bedeckt die Gepäckablage aus Mahagoni mit Drahtgeflecht, wie sie auch das historische Foto auf der linken Seite zeigt. Besonders bei rauer See war das Gepäck dort sicher verstaut. Unten: Das verzierte Eisengestell eines Bettes in einer Erste-Klasse-Kabine auf Deck A. Es hängen noch Reste eines Kleidungsstückes daran, auch das Bettzeug ist an Ort und Stelle, wenngleich zerrissen und zersetzt. Vermutlich hat der direkte Kontakt mit dem Metall die Textilien vor der endgültigen Zerstörung bewahrt

Oben: Einer der spektakulärsten Funde der Cameron-Expedition war ein aufrecht stehender Waschtisch, hier eine Aufnahme von hinten. Die Rückwand aus Kiefernholz ist längst verfault, doch eine Karaffe und ein Glas blieben erstaunlicherweise in ihren hölzernen Ablagen stehen. Dass die Öffnung des Wasserglases nach oben zeigt, lässt darauf schließen, dass der Bewohner der Kabine noch am Tag des Untergangs daraus getrunken hat. Die Passagiere wurden jeden Morgen von einem Steward mit frischen Gläsern und Trinkwasser versorgt. Das Archivfoto links zeigt, wie saubere Gläser dabei aufgestellt wurden: mit dem Boden nach oben. Unten rechts: Ein Steward serviert Erfrischungen an Deck

Links: Um die Wohnfläche zu vergrößern, standen in vielen Kabinen der Ersten Klasse
tische mit so genannten Kippbecken, die sich bei Bedarf aus der Wandhalterung herun
pen ließen. Verstaute man das Waschbecken wieder im Schrank, floss das Wasser rück
ab. Gegenüberliegende Seite, oben: Man erkennt im Waschschrank zwei der hochgek
Becken. Unten: Das Holz auf dem Wrack der *Titanic* ist zu großen Teilen verfault. Die b
gewordenen Waschtische stürzten unter dem Gewicht der massiven Porzellanbecken zu

Rechts: Das Foto zeigt, wie seinerzeit die Erste-Klasse-Kabine von Henry Harper auf dem D-Deck ausgesehen hat. Unten: Die recht großen Bullaugen in den Luxuskabinen auf Deck C und D ließen sich seitwärts kippen, um frische Luft einzulassen. Das Bullauge in Harpers Suite stand offen: Es sprang entweder beim Aufprall des Wracks auf dem Meeresboden auf, oder Harper selbst ließ es gekippt stehen. Rechte Seite, oben: Passagiere der *Titanic*, etliche mit Bowler-Hüten, warten in Queenstown auf die Einschiffung. Kleines Foto: Ein Bowler von 1912

Henry Harpers Hut

Zu den Fundstücken in der Kabine D-33 zählt ein Bowler-Hut (großes Foto, rechts), vermutlich Eigentum von Henry Sleeper Harper, dem Enkel eines Gründers des New Yorker Verlagshauses Harper & Brothers. Der 47-Jährige reiste in Begleitung seiner Frau, eines ägyptischen Dieners und eines Pekinesen, der auf den Namen Sun Yat Sen hörte. In einem Bericht für das hauseigene Blatt „Harper's Weekly" schilderte er später, wie er unmittelbar vor der Kollision den Eisberg am Bullauge seiner Kabine vorbeigleiten sah. Der Schiffsarzt William O'Loughlin habe ihm noch versichert, dass alles in Ordnung sei, doch Harper polterte los: „Verdammt noch mal, Mensch! Das Schiff hat einen Eisberg gerammt! Wie können Sie davon reden, das sei nicht schlimm?" Harper kritisierte die Organisation an Bord. Kein Offizier habe den Passagieren den Weg gewiesen. Dass er eine Schwimmweste anlegen sollte, erfuhr er zufällig von Mitreisenden. Und der Matrose in Rettungsboot 3 konnte nicht rudern. Der Verlegerspross wie seine Begleiter wurden gerettet – und der Pekinese auch.

Oben: Von dieser Tür aus der Erste-Klasse-Kabine D-27 sind Teile des Mahagoni-Rahmens sowie Knauf und Beschläge aus Metall erhalten. Die kleinen Fotos links zeigen Tür und Griff gleicher Bauart von der *Olympic*. Im Hintergrund des großen Fotos ein heil gebliebener Garderobenspiegel

In den meisten Suiten der Ersten Klasse befanden sich über dem Bett zwei Lichtschalter und ein elektrischer Klingelknopf (alle Fotos). Möglicherweise war Hugh Rood aus Denver zum Zeitpunkt des Zusammenstoßes in seiner Kabine A-32 gerade in seine Abendlektüre vertieft. Die Lampe, die über seinem Kopfteil an der Wand angebracht war, liegt zwar auf dem Boden, ihr Kabel aber baumelt immer noch aus der Steckdose

Die von der Modejournalistin Edith Rosenbaum (unten) bewohnte Kabine hatte einen Marmorwaschtisch (rechts: Foto eines ähnlichen Modells). Rahmen, Spiegel, Becken und vergoldete Armaturen sind noch zu erkennen (gegenüberliegende Seite). In der kleinen Ablage rechts steht ein Wasserglas, am rechten Rand des Waschtisches lehnt ein Teil des geätzten, getönten Sichtschutzfensters, das sich aus der Halterung gelöst hat

Edith Rosenbaums Spiegel

Es scheint nur angemessen, dass der Spiegel über dem Waschtisch der Kabine A-11 so tadellos erhalten ist. Dort nämlich logierte eine der elegantesten und interessantesten Frauen an Bord: die 33-jährige Edith Rosenbaum, Tochter eines wohlhabenden Kaufmanns aus Cincinnati. Sie lebte seit 1907 in Paris, wo sie als Korrespondentin für das Modemagazin „Women's Wear Daily" arbeitete. In der Unglücksnacht näherte sie sich – von Kopf bis Fuß in Pelz gehüllt – dem Rettungsboot Nummer 11 und jammerte dabei über ihr Gepäck, das sie zurücklassen musste. Als sie erfuhr, dass sie keine persönlichen Dinge mit ins Boot nehmen dürfe, weigerte sie sich einzusteigen: nicht ohne ihren Glücksbringer, ein Musikschweinchen. Entnervt riss ihr ein Seemann das Schweinchen aus der Hand und warf es ins Boot. Das Einsteigen fiel ihr trotzdem nicht leicht. Die junge Frau trug einen engen, knöchellangen Rock, sodass schließlich mehrere Männer sie über die Reling hieven mussten. Edith Rosenbaum (später Russell) starb 1975 in London im Alter von 96 Jahren – wenige Tage vor dem 63. Jahrestag des *Titanic*-Untergangs.

J. Bruce Ismays Salonsuite

Jede der vier Salonsuiten an Bord der *Titanic* und der *Olympic* hatte zwei Schlafzimmer, Bad, Garderobe und einen großen Salon. Zu den Salonsuiten auf dem B-Deck der *Titanic* gehörte auch jeweils eine exklusive Promenade. Der Generaldirektor der „White Star Line", J. Bruce Ismay, bewohnte die Suite an Backbord – in Ruhe genossen hat er sie nicht. Denn während der ersten Tage auf See war Ismay ständig auf den Beinen. Er machte Konversation und hörte sich um, was beim nächsten Ozeandampfer der „White Star Line", der *Gigantic*, besser gemacht werden könnte. Er hinterließ nicht bei allen Passagieren einen guten Eindruck. Auf Elizabeth Lines aus Paris, die das Gespräch zwischen Kapitän Smith und Ismay über die Geschwindigkeit des Schiffes mitbekommen hatte, wirkte er herrisch und rechthaberisch. Colonel Archibald Gracie, der sehr auf tadellose Umgangsformen achtete, gab zu Protokoll, dass Ismay in der Nacht des Untergangs „einen Tagesanzug und wie üblich keinen Hut" getragen habe. Liebenswürdig oder aufgeblasen, angemessen gekleidet oder nicht – alles nur Lappalien gegenüber dem Bild, das die Öffentlichkeit nach der Katastrophe von J. Bruce Ismay gewann, jenem Mann, der sich selbst auf das Klappboot C drängelte und in Sicherheit brachte, aber 1500 andere ihrem Schicksal überließ.

Die Salonsuite von J. Bruce Ismay auf dem B-Deck war im Stil Louis' XVI. eingerichtet. Das Foto auf der Seite gegenüber zeigt die baugleiche Suite auf der *Olympic*. Ein Großteil der prächtigen Möbel und Holzarbeiten ist längst verrottet, allerdings vermitteln der falsche Kamin aus Marmor (unten) und die kunstvollen Bronzeverzierungen (rechts) einen Eindruck vom einstigen Luxus

Die exklusive Promenade für die Salonsuite war im traditionellen Tudorstil mit Fachwerk gebaut (kleines Foto, rechts oben). Blickt man die einstige Promenade jetzt entlang (kleines Foto, rechts unten), erkennt man kaum etwas wieder. Das auf dem Boden liegende Fragment einer Kranzleiste (großes Foto) gehört zu den wenigen erhaltenen Teilen

Man darf bezweifeln, dass Generaldirektor Ismay viel von seiner Promenade gehabt hat. Es ist nicht überliefert, ob er sich überhaupt, trotz der Tische und komfortablen Liegestühle (historisches Foto links oben), je dort aufhielt. Ein einziges Mal lud er Gäste in seine Suite ein – nach einem Abendessen zu einer Partie Bridge im Wohnzimmer. Unten: das Doppelfenster des Schlafzimmers von J. Bruce Ismay, vom Promenadendeck aus fotografiert. Der Rahmen ist fast intakt, die Fensterscheiben sind zu Bruch gegangen

Sechstes Kapitel *Von der Katastrophe zum Triumph*

Mittwoch, der 12. September, war ein trüber Tag, als wir die Rückfahrt nach St. John's antraten. Hoffnungslosigkeit und Ungewissheit hingen wie schwere Wolken über der *Keldisch*. Unsere russischen Gastgeber zeigten viel Mitgefühl, während wir Mühe hatten, die Nachrichten über die Katastrophen in New York, Pennsylvania und Washington zu begreifen. Obwohl kein Tauchgang geplant war, fand an jenem Morgen ein *Mir*-Meeting statt. Wir hatten uns um den Arbeitstisch im Labor versammelt. Anatolij verlas eine Beileidsadresse von Professor Sergej Lappo, dem Direktor des Instituts, das die *Keldisch* betrieb: „Wir verurteilen jene, die für diese unmenschlichen Taten verantwortlich sind. Euer Unglück trifft auch uns. Wir alle müssen unternehmen, was immer in unserer Macht steht, um den Terrorismus zu stoppen. Es darf nirgendwo auf der Welt Platz geben für derartige Kreaturen, denen ein Menschenleben nichts bedeutet. Wir teilen die Trauer und Wut des amerikanischen Volkes."

Irgendwo hatten unsere russischen Kollegen eine Aufnahme von „God Bless America" mit Ray Charles aufgetrieben, die sie nun abspielten und über Lautsprecher in den Speisesaal übertrugen – eine Geste, die uns alle berührte.

Ich war derart erschüttert von den jüngsten Ereignissen, dass mir unsere Arbeit nur noch banal vorkam. Die ganze Zeit über hatte ich das Gefühl gehabt, Teil einer geradezu historischen Expedition zu sein; angesichts des furchtbaren Unglücks daheim wirkte sie nur noch wie ein frivoles Vergnügen. Was hatte es denn für einen Sinn, das Wrack eines Schiffs zu erforschen, dessen Schicksal sich vor langer Zeit erfüllt hatte – während jetzt gerade unschuldige Menschen umkamen, durch einen solch entsetzlichen Terrorangriff, der Amerika mitten ins Herz getroffen hatte?

Eine Schule Delfine folgte der *Keldisch* an diesem Nachmittag, vielleicht direkte Nachkommen jener, die die *Carpathia* wenige Stunden nach dem Untergang der *Titanic* begleitet hatten. In den nächsten Tagen drängten sich mir immer mehr Parallelen zwischen den beiden Tragödien auf. Sowohl die *Titanic* als auch die Türme des World Trade Centers waren technische Wunderwerke ihrer Zeit. Den Entwürfen zufolge hätten die Zwillingstürme dem Aufprall einer Boeing 707 standhalten müssen – trotzdem stürzten sie ein. Die *Titanic* war so konstruiert, dass sie sich mit vier überfluteten Sektoren über Wasser halten konnte – nicht aber mit fünf. In beiden Fällen waren unter den Opfern Menschen mit Rang und Namen; und mit ihnen starben Hunderte, die der breiten Öffentlichkeit nicht bekannt waren. Natürlich wurde die *Titanic* nicht vorsätzlich in den Untergang getrieben, und man brachte ihre Passagiere nicht kaltblütig um. Beide Tragödien aber provozierten ähnliche Reaktionen: Ungläubigkeit und Empörung. Und beide haben sich unauslöschlich in die Erinnerung der Menschheit eingegraben.

Da der Luftraum über den Vereinigten Staaten gesperrt war, hatte man viele Auslandsflüge nach Kanada umgeleitet; rund 17 000 Reisende waren in St. John's gestrandet. Auf der

Rechts: Blick auf den Hafen von St. John's auf Neufundland, vom Gipfel des Signal Hill aus. Auf diesem Hügel hatte Guglielmo Marconi 1901 das erste transatlantische Funksignal empfangen. Unten: Einer der wenigen stillen Augenblicke, in denen Ken Marschall (links), Bill Paxton (rechts) und Jim Cameron der beiden Tragödien gedenken – des 11. September und des Untergangs der *Titanic*

Keldisch ging das Gerücht um, dass auch Schiffe betroffen seien, wir also vielleicht den überfüllten Hafen gar nicht würden anlaufen können. Am nächsten Morgen aber steuerten wir ungehindert ins Hafenbecken und machten am Nordkai fest – genau an dem Platz, wo wir im August abgelegt hatten. Von Bord der *Keldisch* aus wirkte St. John's unverändert. Wolken zogen sich am Himmel zusammen. An Land aber war die Wirkung der Ereignisse in den USA unübersehbar. Die Straßen waren voller Menschen, und in den wenigen Hotels drängten sich Reisende jeden Alters aus vielen Ländern. Man hatte sogar Matratzenlager in den Hotellobbys eingerichtet. Alle Zimmer waren überbelegt. Aushänge wiesen auf die Essenszeiten im nahen Kongresszentrum hin.

Jim hatte in St. John's ein zweites Team treffen wollen, mit dem er am Wrack der gesunkenen *Bismarck* weiteres Material für seinen Dokumentarfilm drehen wollte. Aber die *Bismarck*-Experten saßen fest, und es war sinnlos, ohne sie loszufahren. Jim wusste zwar, dass die meisten von uns möglichst schnell zu ihren Familien wollten. Aber die Expedition jetzt sofort abzubrechen, wäre unvernünftig gewesen: Es gab keine Möglichkeit, nach Hause zu fliegen. Da bis jetzt auch nur acht der geplanten zwölf Tauchgänge zur *Titanic* stattgefunden hatten, schlug er vor zurückzukehren. Er lud jeden von uns dazu herzlich ein. Mir blieb nur die Wahl zwischen der *Keldisch* und einem Schlafplatz in einer High-School-Turnhalle. Ich entschied mich für die *Keldisch*.

Nach dem ersten Schock hatte auch die Arbeit an der *Titanic* wieder an Bedeutung gewonnen. Ich sah die Expedition mittlerweile mit anderen Augen, weil ich spürte, wie die Welt damals auf den Untergang des angeblich unsinkbaren Schiffes reagiert hatte. Und ich fand, dass die Opfer von damals ein Recht darauf hatten, dass man sie nicht vergäße – ungeachtet einer anderen Katastrophe.

Wir verließen St. John's am 16. September, nachdem wir eine Lieferung neuer Videobänder übernommen hatten. Inzwischen stand in Neufundland der Winter bevor. Die Temperaturen waren spürbar gefallen. Die Sonne machte sich rar. Keiner hatte etwas dagegen, dass wir wieder in Richtung Golfstrom fuhren. Doch es kam ganz anders: Wir gerieten in eine Schlechtwetterfront, tagelang herrschte schwerer Seegang. Auf dem Höhepunkt des Sturmes trafen mächtige Brecher das Heck der *Keldisch*, und alles, was nicht niet- und nagelfest an Bord verstaut war, stürzte zu Boden.

Als wir Richtung Südosten aufgebrochen waren, ahnte noch niemand, wie wertvoll diese zusätzlichen Tauchfahrten sein würden. Bislang hatten wir mit den Kamerarobotern vor allem den Bereich der Ersten Klasse erkundet. Beim folgenden Durchgang wagten wir uns an noch völlig unerforschte Orte vor, etwa in die Kabinen der Dritten Klasse, die Mannschaftsquartiere und in eines der Ärztezimmer. Wir machten Entdeckungen: wie den falschen Kamin im Salon von J. Bruce Ismay oder die Melone,

Gegenüberliegende Seite: Nachdem es die *Mir*-Tauchboote vom Mutterschiff weggeschleppt hat, kehrt das Motorboot zur *Keldisch* zurück. Rechts: Jim Camerons Bruder Mike (rechts) untersucht das Gehäuse der 3-D-Kamera, die auf der *Mir-1* montiert ist. Unten: Die Luftaufnahme zeigt, wie die *Mir-2* mittschiffs ausgeschwenkt wird. Die zahlreichen Kräne – für die Tauchboote, das Schlauchboot und die *Koresch* – wirken von oben wie riesige Spinnenbeine

die dem New Yorker Verlegerspross Henry Sleeper Harper gehört hatte; jenem Harper, der in der Unglücksnacht den Eisberg an seinem Fenster vorbeiziehen sah. In den bereits untersuchten Schiffsabschnitten entdeckten wir früher nicht bemerkte wolkenartige Gebilde. Sie sahen aus wie Unterwasser-Rauch. Lori beschrieb sie als „biologische Gallertmasse".

Das Wetter hatte sich wieder gebessert. Wir nutzten das sofort und planten die Tauchgänge nun zügiger als zuvor. Vier Tage hintereinander sanken unsere beiden Tauchkapseln zum Meeresboden hinab. Jim und sein Bruder Mike waren jedes Mal dabei. Zwischen den Fahrten blieb kaum Zeit für die Vorbereitungen. Das Roboter-Team arbeitete die Nächte durch, um Elwood und Jake für den jeweils nächsten Dreh flottzumachen.

Elwood wurde zwar mehrmals mitgenommen, aber er funktionierte nie wieder einwandfrei. Beim ersten Versuch versagte seine Batterie schon unterwegs – aus seinem Gehäuse

Links: Tischplatten, die vermutlich beim Aufprall des Schiffes auf dem Meeresboden zerbrachen, markieren ein Trümmerfeld auf dem Freideck der Dritten Klasse. Hier hatten Passagiere noch Stunden vor der Katastrophe ausgelassen getanzt. Gegenüberliegende Seite: Diese grüne Arzneiflasche fand sich im Arztzimmer auf dem Welldeck

stiegen ungefähr zehn Minuten lang Luftblasen auf. Mike erklärte, dass diese Bläschen furchtbar heiß seien. Kämen sie mit dem Bullauge des Tauchbootes in Berührung, könnte das Glas einen Sprung bekommen oder gar zerbrechen – was für alle an Bord den sicheren Tod bedeutet hätte. Während Schenja das Tauchboot sofort auf Distanz brachte, reagierte Ken wie der Vogel Strauß. Er riskierte nicht einmal mehr einen Blick nach draußen, bis die Gefahr vorbei war. Ein anderes Mal kam Elwood zwar ohne Probleme am Meeresboden an, reagierte aber aus unerfindlichen Gründen nicht mehr und blieb für den Rest des Tauchgangs in seiner Garage.

Mir selbst war keine Fahrt mehr zur *Titanic* vergönnt. Während die Tauchboote unterwegs waren, sah ich mir zusammen mit anderen aus der Crew im „Mission Control"-Raum das Filmmaterial vom Vortag an. Jake hatte sich durch die Vorpiek, das Zwischendeck und die Mannschaftsräume vorgearbeitet – wir bekamen zu sehen, was seit 1912 kein anderer Mensch erblickt hatte. Auf dem Freideck in der Dritten Klasse ragten wie im Speisesalon der Ersten Klasse die Tischfüße aus dem Schlamm und Moder. Neben einer der Wände zeichneten sich die Überreste einer Tischplatte ab, die vielleicht beim Aufprall abgebrochen war. Die so genannten „Totenlichter", die metallenen Abdeckungen für die Bullaugen, waren alle geschlossen – eine letzte Vorsichtsmaßnahme, die jemand noch vor dem Untergang ergriffen hatte. Tiefer im Bug befanden sich die Kabinen der Dritten Klasse, deren Wände verrottet waren. Wir hatten auch hier mit eisernen Bettgestellen gerechnet, aber in diesen Quartieren fanden wir keine. Einmal stand Jake genau vor der Scotland Road, dem langen Flur, der das E-Deck vom Bug zum Heck durchquerte und von Passagieren wie von der Besatzung genutzt wurde. Unglücklicherweise verliert man im Inneren des Wracks leicht die Orientierung, und in diesem Teil des Schiffes hatten die Taucher es besonders schwer. Jedenfalls erkannten Jim und sein Bruder in dem Chaos nicht, dass sie die Scotland Road erreicht hatten und schickten Jake leider nicht weiter. Jim war darüber besonders enttäuscht, er hätte nämlich genau diesen Bereich nur zu gern inspiziert.

Der Abschnitt unter der Vorpiek, direkt an der Bugspitze, war für mich von all den neu erforschten Räumen am spannendsten. Er war besser erhalten als andere Schiffsregionen, da die Bugsektion langsam geflutet und schließlich gesunken war. Die Stahlwände hatten gehalten. Vor allem aber leistete Jake hier hervorragende Arbeit. Genau dafür waren die Roboter gebaut worden: um sich, klein und wendig, durch enge Räume zu zwängen, durch schmale Flure und Türen.

In der Vorpiek der *Titanic* lagen die Mannschaftsräume. Einer davon war auf dem Plan als „Praxis" gekennzeichnet – es handelte sich um das Besprechungszimmer von einem der beiden Schiffsärzte. Vorsichtig wurde Jake ins Zimmer bugsiert, aus Sorge, dass sich sein Glasfaserkabel in den Schrauben der Türscharniere verfangen könnte. Auf dem Monitorbild zeichnete

sich zunächst der eingebaute Schreibtisch ab, gut erkennbar die Griffe seiner Schubladen. An der Wand standen Regale, und im fingerdicken Schlamm konnten wir einzelne Arzneiflaschen ausmachen. Die eine war giftgrün und wirkte in der trüben Umgebung seltsam fehl am Platz. Der Inhalt, eine weiße Substanz, hob sich deutlich vom schwarzen Gummistöpsel im Hals der Glasflasche ab.

Jake glitt als Nächstes ins benachbarte Krankenzimmer – eine schmale Kajüte mit zwei Metallliegen und einem einfachen Waschtisch an der Wand. Die Verbindungstür aus Holz war zwar geschlossen, aber der Roboter schlüpfte ohne weiteres durch den verrotteten Mittelteil.

Weiter vorn folgten die Wendeltreppen – eine für den Auf-, die andere für den Abstieg. Sie durchquerten sämtliche Decks, bis hin zu den Kesselräumen. Die Heizer aßen in der Messe auf einem der oberen Decks, wohnten einige Etagen tiefer und arbeiteten ganz unten im Schiffsbauch – kurzum, sie brachten ziemlich viel Zeit auf den Wendeltreppen zu. Die waren zudem so eng, dass Ungeübte damit sicher ihre Schwierigkeiten hatten. Für Jake waren sie als Forschungsobjekt in jedem Fall zu heikel. Der Roboter fing aber auf einem Treppenabsatz das Bild einer Flasche ein, bei der es sich um eine Bierflasche zu handeln schien, obwohl doch für die Mannschaft an Bord ein strenges Alkoholverbot gegolten hatte. Die Kajüten der Heizer waren ganz sicher nicht komfortabel – trotzdem ist unbestritten, dass Thomas Andrews, der Schiffskonstrukteur, sich der Bedürfnisse der Arbeiter bewusst war. Denn er dürfte es gewesen sein, der für den Einbau eines Trinkwasserspenders neben der Wendeltreppe gesorgt hatte, den Jake während seiner Fahrt entdeckte.

Jim und Mike näherten sich der Vorpiekkante an Steuerbord, als ihnen zwei nebeneinander liegende Eingänge auffielen.

„Der erste müsste zur Messe der Heizer führen", sagte Jim.

Die Außenwand der Messe hatte eine starke Neigung und bildete die Krümmung des Schiffsrumpfes am Bug ab. Auch hier ragten Tischgestelle aus dem Schlamm. Es fehlte aber jede Spur von den Habseligkeiten der Heizer. Die hatten sie hier nach der Kollision mit dem Eisberg vor dem hereinbrechenden Wasser in Sicherheit gebracht.

Ein weiteres Ziel vermuteten wir auf den Frachtdecks: den brandneuen Renault, den der aus Philadelphia stammende William E. Carter gekauft hatte, um ihn nach New York zu bringen. Uns fiel auf, dass sich die Rostzapfen in diesem Abschnitt des Schiffes von den anderen unterschieden. Sie waren länger und spitzer und stürzten hier und da wie Speere zu Boden. Jake schwamm weiter auf das Orlop-Deck zu, das zweite von unten, wo laut Plan die Laderäume lagen. Wir fanden riesige Mengen Fracht, darunter stapelweise Bücher oder ähnliche Papierwaren, waren aber außerstande, die einzelnen Bündel näher zu bestimmen. Die Außenwände waren mit Planken vernagelt, an denen man das Frachtgut vertäut hatte, damit es nicht verrutschte. Zwischen den vielen undefinier-

Gegenüberliegende Seite, links: Die Reling an einer der Ladeluken ist gut erhalten. Daneben ein Stapel von möglicherweise aus England stammenden Zeitungen oder Zeitschriften, wie sie in großer Zahl geladen waren. Der Behälter, der sie umgab, ist längst verrottet. Unten: Diese Kiste aus Korbgeflecht war eines der interessantesten Fundstücke auf dem Orlop-Deck – vermutlich handelt es sich um das Gepäck eines Zwischendeckpassagiers (siehe auch Foto rechts)

In den knapp zwei Jahrzehnten seit Entdeckung der *Titanic* ist die Zerstörung auf den oberen Decks massiv fortgeschritten. Das Gemälde von Ken Marschall (kleines Bild links oben) gibt den Zustand der Sporthalle bei der Expedition von Robert Ballard 1986 wieder: Auf dem rechten Bootsdeck klaffte nur ein einziges Loch. Großes Foto: Mittlerweile sind weite Teile des Decks verrottet, der Boden gibt an vielen Stellen nach

baren Objekten befand sich ein ungewöhnlich großes, das durchaus ein Automobil hätte sein können. Ich bildete mir ein, einen Scheinwerfer zu erkennen und wohl auch die sanfte Wölbung eines Kotflügels. Aber im Ernst zu behaupten, dass wir den Renault gefunden hatten, wäre wohl doch übertrieben.

Trotz der für uns überraschend großen Anzahl an gut erhaltenen Gegenständen – Betten, Waschtische, Spiegel, Bleiglasfenster – lässt sich nicht leugnen, dass das Wrack seit seiner Entdeckung 1985 dramatisch verfällt. Jim wollte sich zum Beispiel die Räume der Ersten Klasse auf den oberen Achterdecks ansehen. Doch die Bilder der Tauchboote zeigten, dass die Bullaugen von Deck C inzwischen knapp unter dem Bootsdeck lagen. Zwischen den beiden Ebenen gab es nur noch wüst verkeilte Metallplatten. Sowohl das Bootsdeck als auch Deck A hatten nachgegeben und waren auf das B-Deck hinabgestürzt. Schenja, der schon früher hier unten gewesen war, versicherte, dass das erst kurze Zeit her sein könne.

Es gab noch mehr Zerstörungen. Ken erkannte sie im Detail, da er für seine Gemälde im Laufe der Jahre immer wieder die jeweils neuesten Fotos von der *Titanic* studiert hatte. Besonders auffällig waren sie auf dem Bootsdeck und auf Deck A. Dort klafften jetzt riesige Löcher, einige in der Nähe von Wänden oder Trennwänden – konnten also definitiv nicht von Tauchbooten beim Aufsetzen verursacht worden sein. In der Sporthalle war noch ein Teil der Wandver-

kleidung erhalten, das Dach aber war eingestürzt, sodass der ganze Raum ins A-Deck einsank. Die Reling an der Wand der Kommandobrücke war ebenso verrottet wie die Wände der Offiziersquartiere. Vor einigen Jahren hatte man nur durch einen winzigen Spalt in das Badezimmer von Kapitän Smith lugen können, nun bot es sich offen und ungeschützt dar. Die zerfressene Wand lag in Trümmern am Boden. Etliche Fenster auf dem A-Deck, durch die seinerzeit Madeleine Astor und andere Erste-Klasse-Passagiere in die Rettungsboote gestiegen waren, hatten sich in Nichts aufgelöst – vor allem dort, wo wenig Metall verarbeitet worden war. Lori hatte dafür eine Erklärung: Demnach müsste sich der Verfall vor allem in jüngster Zeit beschleunigt haben, weil sich die Bakterien exponentiell vermehrt hatten. Die *Titanic* hatte offenbar die ersten Jahrzehnte am Meeresboden vergleichsweise gut überstanden.

Jim sammelte während der letzten Tauchgänge einen Großteil der Glasfaserkabel wieder ein, die überall am Wrack herumhingen. Zwar würde sich die Faser in wenigen Jahren von selbst auflösen, bis dahin aber wollte er künftigen Besuchern den Anblick eines „eingesponnenen" Wracks ersparen.

Ken, Mike, Jim und Bill begannen am 23. September mit der Untersuchung des Achterschiffs. Hier ragten zwei riesige Schiffsschrauben aus dem Sand und zwei Kolbendampfmaschinen, die Jim mit „Zwillings-Sphingen" verglich. Im Großen und Ganzen aber war das Heck ein „wirres, wüstes Durcheinander", wie Mike fand. „Ich hatte sehr schnell das Gefühl, dass ich dort wegwollte", sagte er. „Es ist ein gruseliger Ort … Man spürt den Tod."

Bevor sie zurückkehrten, brachte Jim noch eine Gedenktafel aus Bronze für die Opfer der *Titanic*-Katastrophe an: „Die Seelen der 1500 Menschen, die hier untergingen, sprechen zu uns und mahnen uns, dass unvorstellbares Leid geschehen kann und nur Wachsamkeit, Demut und Mitgefühl uns davor bewahren." Diese Plakette war nur die jüngste von inzwischen zahlreichen, die Expeditionen am Wrack angebracht hatten. Die meisten nennen die Namen ihrer Stifter. Jim aber wollte anonym bleiben – nur ein Gedenken an die Opfer, sonst nichts.

Am 24. September warteten wir an Deck auf die Rückkehr der U-Boote. Ein letztes Mal lehnten wir an der Reling und hielten Ausschau nach den aus dem Ozean auftauchenden Scheinwerfern. Nachdem die beiden *Mir*, die *Koresch* und das Schlauchboot eingeholt waren, versammelten wir uns am Heck zu einer kleinen Zeremonie. Lori hatte einen Kranz geflochten, und Jim hielt eine Rede. Er nannte die Angriffe vom 11. September ein Warnsignal für das 21. Jahrhundert. Sie hätten die westliche Welt genauso in Alarm versetzt wie vor knapp hundert Jahren der Untergang der *Titanic*.

Danach zogen sich einige von uns nach Backbord zurück. Nachdenklich blickten wir auf die nächtliche See, in der sich die

Gegenüberliegende Seite, rechts: Eine Gedenktafel wird am Heck angebracht. Hier, am äußersten Ende des Achterschiffs, hatten viele der 1500 Opfer in den letzten Minuten vor dem Untergang Zuflucht gesucht. Gegenüberliegende Seite, links: Beim Ablegen des Luxusdampfers in Queenstown, Irland, drängen sich die Emigranten noch einmal an der Reling, zum letzten Blick auf ihre Heimat. Unten: Bill Paxton blickt am Tag der Heimfahrt vom Heck der *Keldisch* auf den gespenstischen weißen Regenbogen am Himmel über dem Wrack der *Titanic*

Sichel des Mondes spiegelte. Keine fünf Meter vom Schiff entfernt tummelten sich Delfine. Sie begleiteten uns mit fröhlichen Luftsprüngen – wie beim vorigen Mal, als wir die Untergangsstelle verlassen hatten. Das war am 12. September gewesen.

Am nächsten Nachmittag schauten wir uns im „Mission Control"-Raum gerade das Filmmaterial an, als man uns zurief, dass ein weißer Regenbogen aufgegangen sei. Alle rannten sofort an Deck – und tatsächlich: Hinter der Gischtspur unseres Schiffes wölbte sich eine riesige Sichel über dem Horizont, eine Art weißes Nebelband, genau über der Stelle, an der die *Titanic* gesunken war. Die Symbolkraft dieses Bildes ließ keinen unberührt: Ein farbiger Regenbogen steht für Hoffnung und Neubeginn nach einem Unwetter, dieser blasse Bogen aber schwebte über dem Wasser wie ein Geist.

DIE UNTEREN DECKS

Die Passagiere der Ersten Klasse dürften kaum einen Gedanken an die Trimmer und Heizer verschwendet haben, die tief unten im Schiffsbauch die Öfen unter den Kesseln Tag und Nacht mit Kohle beschickten. So sorgten sie für Dampf, der für den Schiffsantrieb wie für die Stromversorgung an Bord gebraucht wurde. Weil es vor den Kesseln heiß und schmutzig war, trugen die Männer meist ärmellose Hemden und dünne Hosen, deren Gürtelschnallen sie auf den Rücken schoben, weg von der sengenden Hitze. Die meisten hatten sich Taschentücher um den Hals geknotet, auf deren Enden sie herumkauten, um keinen trockenen Mund zu bekommen.

Die Heizer waren getrennt vom Rest der Besatzung untergebracht, jeweils 54 Männer pro Schlafsaal. Ihre Unterkünfte, Waschräume und die Messe befanden sich übereinander in der Vorpiek. Durch zwei Wendeltreppen, eine für den Aufstieg, die andere für den Abstieg, gelangten die Arbeiter ins Schiffsinnere, von wo aus ein Durchgang zu

Die Heizer schufteten rund um die Uhr, um Dampfkessel und Maschinen am Laufen zu halten (dargestellt oben in einer Filmszene aus »Ghosts of the Abyss«, dem Dokumentarfilm James Camerons über seine *Titanic*-Expedition). Foto links: Riesige Kessel stehen auf der Belfaster Werft Harland & Wolff zum Einbau bereit. Gegenüberliegende Seite: Die Dampfkessel, die früher tief im Schiffsbauch untergebracht waren, befinden sich heute am hinteren Ende des gesunkenen Vorschiffs. Der hohe Wasserdruck hat die Vorderwände eingedrückt

den Kesseln führte. „Es war eine verdammt harte Arbeit", erinnerte sich George Kemish, einer der Männer, fünfzig Jahre später. „Es war die Hölle."

„Das war ein schmutziger, grober, unordentlicher und schlimm aussehender Haufen", beschrieb Jack Thayer, ein Passagier der Ersten Klasse, die Heizer, die sich mit ihm nach dem Untergang im Klappboot B drängten. In den Rettungsbooten achtete freilich kaum jemand auf gesellschaftlichen Stand. Molly Brown etwa, die in Boot 6 saß, wickelte ihre Zobelstola um die Füße eines halb erfrorenen Heizers, der vom Kohlestaub schwarz im Gesicht war. Und die 12-jährige Ruth Becker in Boot 13 reichte den dünn gekleideten Arbeitern die mitgebrachten Decken. Auch auf Colonel Archibald Gracie wirkten die Heizer und Seeleute im Notboot B zunächst ungehobelt. Aber er änderte seine Meinung, als einer der Männer das Vaterunser anstimmte und alle anderen das Gebet mitsprachen. Zuvor hatte der Mann höflich gefragt, zu welcher Religion sich die Insassen des Bootes bekannten.

Linke Seite: Die Wendeltreppe, deren Geländer noch gut erhalten ist, führte vom D-Deck bis auf den Grund des Schiffes, wie auf der Zeichnung zu sehen. Sie stellte eine direkte Verbindung zwischen den Unterkünften der Heizer und den Kesselräumen her. Oben: Auf dem oberen Treppenabsatz befand sich ein Trinkwasserspender, den der umsichtige Schiffsbauer Thomas Andrews anbringen ließ. Kleines Foto, rechts oben: das Modell eines Trinkwasserbeckens, wie es auch auf anderen Schiffen vorkam. Rechts unten: Der Heizer Charles Hendrickson überlebte im Rettungsboot 1

Die aus Bronze gefertigten Schiffsschrauben der *Titanic* waren mit einem Durchmesser von über sieben Metern die größten, die 1912 im Einsatz waren. Das Achterschiff prallte mit einer solchen Wucht auf dem Meeresboden auf, dass der hintere Teil fast bis zur Ruderspitze einsank. Man kann die Propeller nur deshalb sehen, weil die »Flügel«, an denen sie befestigt sind, durch den Aufprall aufwärts gedrückt wurden. Unten: Ein Arbeiter, auf den ersten Blick kaum erkennbar, hat sich am Heck der *Olympic* aufgestellt. Dieser Größenvergleich macht die wirklichen Dimensionen der Schraubenblätter deutlich

Die *Titanic* hatte zwei vierzylindrige Dreifachexpansionsmaschinen, rund vier Stockwerke hoch – die größten, die bis dahin auf einem Schiff arbeiteten (kleines Foto rechts). Sie erreichten eine Leistung von je 15 000 PS bei 75 Umdrehungen der Propeller pro Minute. Als die *Titanic* zerbrach, stürzten die beiden vorderen Zylinder aus ihren Halterungen in den Schlamm. Die anderen blieben an ihrem Platz – drei

an Steuerbord, drei an Backbord. Oben: Die Maschinen, einst Symbol Edwardianischer Ingenieurskunst, ragen heute schutzlos aus dem vorderen Teil des Achterschiffs. Sie wirken wie »Zwillings-Sphingen« auf dem Meeresboden, so die poesievolle Beschreibung James Camerons. Links: Im Inneren des Maschinenraums stehen die riesigen Säulen für den Mitteldruck-Zylinder an Steuerbord. Kleines Foto, links oben: eine der Kolbendampfmaschinen vor der Montage. Gegenüberliegende Seite: Der Zylinder auf der Dampfmaschine an Backbord ist aus seiner Halterung gebrochen – ein Indiz für die gigantischen Kräfte, die das Schiff beim Untergang zermalmten

Epilog *Auf dem Friedhof von Fairview*

Bei der Einfahrt in den Hafen von Halifax wurden wir von einem Schiff der Marine und einem weiteren der kanadischen Küstenwache in Empfang genommen – zu unserem Schutz, wie ich zunächst glaubte. Das Gegenteil war der Fall: Wir galten nicht länger als harmlose Wissenschaftler und Filmemacher; die Zeiten waren gefährlich und wir vor allem Ausländer auf einem fremden Schiff.

Wir fuhren Halifax statt St. John's an, weil vom kanadischen Festland aus viele mit dem Zug heimreisen konnten, falls es noch immer keine Flugverbindung gab. Unsere Expedition hatte länger gedauert als erwartet. Trotz Telefons und Internets machte uns allmählich das Leben auf See zu schaffen, und wir konnten es kaum erwarten, endlich unsere Familien und Freunde wiederzusehen.

Bevor wir in alle Himmelsrichtungen aufbrachen, begleiteten einige von uns Jim auf den Friedhof von Fairview, einen von dreien in Halifax, der letzten Ruhestätte für knapp 150 Menschen, die beim Untergang der *Titanic* gestorben waren. Zunächst fiel uns nichts Ungewöhnliches auf – die größeren Grabmäler waren mit keltischen Kreuzen und Kuppeldächern geschmückt, Laub raschelte im Wind. Plötzlich aber öffnete sich der Blick auf ein weites Feld, übersät mit gedrungenen Grabsteinen aus grauem Marmor. Ein Schild wies sie als Gräber der *Titanic*-Opfer aus. Der Anblick der schmucklosen, gleichförmigen Gräberreihen war für die meisten ein Schock. Lori konnte kaum einen Namen finden. Nur eine Ziffer auf den Grabsteinen der nicht identifizierten Toten erinnerte an den Fundort der Leiche. Die meisten hier waren namenlose Opfer einer unvorstellbaren Tragödie.

Wir trauerten nicht nur um jene, die während unserer Abwesenheit zu Hause ihres Leben beraubt wurden, wir trauerten auch um die Toten hier. Sie waren uns alle sehr nah. Wenige Tage zuvor hatten wir uns noch in einigen ihrer Kabinen umgeschaut. Wir hatten Gegenstände gesehen, die nach fast 90 Jahren, 4000 Meter unter der Meeresoberfläche, die Spuren ihrer Besitzer trugen: ein Kleidungsstück, lässig auf das Kopfende eines Bettes geworfen, den Schnürstiefel einer Frau. Und nun standen wir hier an ihren Gräbern.

Als Jim zu dieser Expedition aufgebrochen war, hatte er auf neue Entdeckungen im Wrackinneren gehofft. Er war aber – wie wir alle – nicht auf so viele Fundstücke gefasst, von denen jedes einzelne deutlich und unmittelbar an die Menschen jener Zeit erinnerte: die vielen unbeschädigt erhaltenen, kunstvoll verzierten Bleiglasfenster, die Holzschnitzereien der Tischler, „White Star"-Porzellan, säuberlich in einer Anrichte gestapelt. Und überall, zwischen den Resten einer einst überwältigenden Eleganz, die Erinnerung an jene, die auf dem großartigen, aber zum Untergang verdammten Schiff gelacht, gefeiert, gebetet hatten – und umgekommen waren.

Wir hatten der Geschichte der *Titanic* ein weiteres Kapitel hinzugefügt. Und noch kurz vor meinem Aufbruch hatte ich einen Traum: Ich kehrte eines Tages zum Wrack zurück, um

Opfer der *Titanic* wurden in Halifax auf dem Friedhof von Fairview (Foto unten), auf dem römisch-katholischen Friedhof Mount Olivet und auf dem jüdischen Friedhof Baron de Hirsch beigesetzt, jeweils in einem eigenen Gräberfeld, das an die Katastrophe erinnert

dort weitere Geheimnisse zu entdecken und sie im Film festzuhalten. Ich wünschte mir, dass viele Millionen Zuschauer dieses legendäre Schiff kennen lernten und das Andenken an die Menschen jener Zeit in Ehren hielten.

Es war mein letzter Tag in Halifax. Nach einem kurzen Landgang kehrte ich an Bord der *Keldisch* zurück. Dort traf ich einen der älteren russischen Kollegen. Er hatte in der Kabine direkt neben mir gewohnt, sprach aber offenbar kein Englisch, also hatten wir einander immer nur kurz zugenickt. Wir begrüßten uns auch heute, doch dann fragte er mich, mühsam nach Worten ringend:

„Welche Stadt?"

„Los Angeles", sagte ich.

Und er darauf, sehr langsam und um deutliche Aussprache bemüht: „Du … kommst … wieder!"

Oh ja, das hoffe ich.

TITANIC: *Damals und jetzt*

Das unter Wasser gewonnene digitale Bildmaterial der Expedition für den Dokumentarfilm »Ghosts of the Abyss« birgt zahlreiche Aufnahmen von Gegenständen, die den alten Glanz der *Titanic* heraufbeschwören. Dies ist eine Auswahl und eine Gegenüberstellung mit Fotos aus dem Frühjahr 1912, die den ursprünglichen Zustand zeigen

Unten: Tischgestelle auf dem Freideck der Dritten Klasse. Das baugleiche Modell auf dem kleinen Foto links gehörte zur Kabine eines Zwischendeckpassagiers

Links: Gut lesbar ist die Aufschrift im Fahrstuhlfoyer auf Deck A, deren Messingbuchstaben an der Eichenvertäfelung haften. Oben: Hinter der Palme verbirgt sich genau so ein Schild. Das historische Foto entstand drei Decks tiefer

Unten, links: eine rostige Leiter auf dem Bootsdeck am Eingang zur Ersten Klasse. Sie entspricht der hinter Kapitän Smith auf dem Deck der *Olympic* (kleines Foto, links außen)

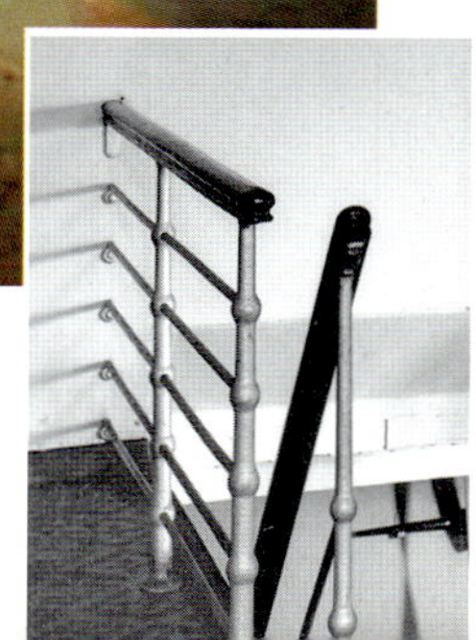

Rechts: Reling zwischen Freideck und E-Deck. Das kleine Foto rechts zeigt eine ähnliche Treppe aus dem Bereich der Dritten Klasse

Unten: der vordere Arm des Davits für das Rettungsboot Nummer 1, heute auf der Steuerbordseite des Bootsdecks. Kleines Foto: ein Werbefoto für die »Welin Quadrant«-Davits, wie sie auf der *Titanic* montiert wurden

Oben: Eine Montage von Außenaufnahmen der *Mir-1* zeigt die Promenade auf dem A-Deck an Steuerbord. Derselbe Decksabschnitt ist auf dem kleinen Foto direkt unter dem Rettungsboot zu sehen

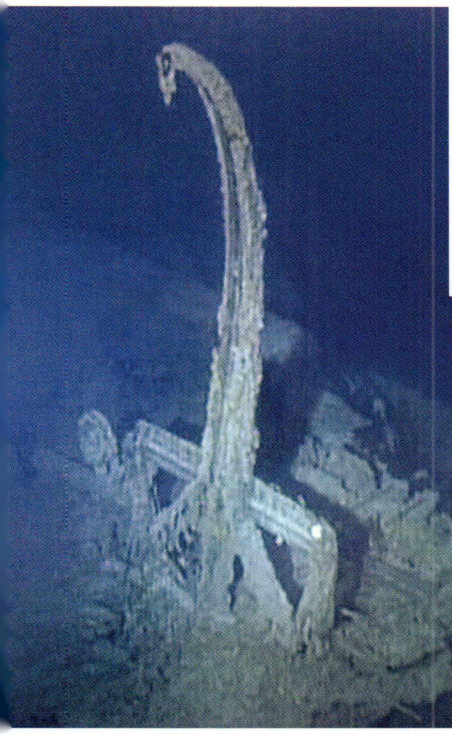

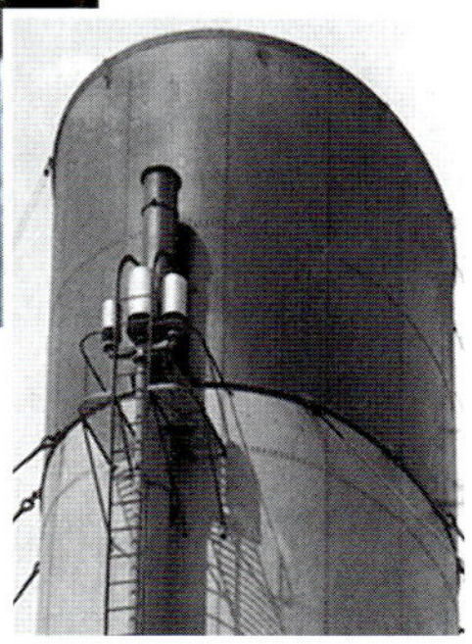

Rechts: Eine Karaffe aus Kristall an ihrem heutigen Fundort im Schlamm – und im Originalzustand

Unten: die Überreste eines Hanfseils, das man am 15. April 1912 beim Abfieren eines Rettungsbootes um einen Poller geschlungen hatte (siehe dazu kleines Foto)

Oben: Dieser Teil eines Dampfrohrs und ein Satz Schiffspfeifen waren am Schornstein montiert (kleine Abbildung rechts). Unten: das Fenster einer Kabine der Ersten Klasse an Backbord – baugleich mit dem links neben Kapitän Smith, auf dem kleinen Foto

Was sich beim Untergang abspielte

James Cameron hat seine Faszination für die *Titanic* wohl gründlicher ausgelebt als irgendjemand sonst – indem er häufiger zum Wrack tauchte als alle anderen und schließlich eine filmische Rekonstruktion der Katastrophe schuf. Als Ergebnis seiner Untersuchungen hat er ein paar überzeugende Thesen zu dem Untergang des Schiffes aufgestellt

---

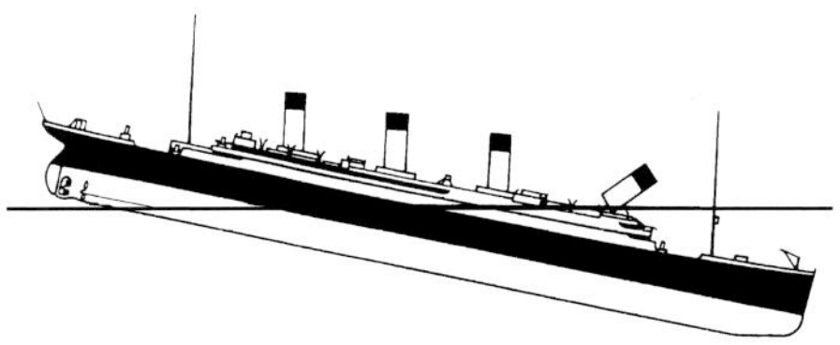

Während der Dreharbeiten zum Spielfilm *Titanic* wüteten am Set im mexikanischen Baja schwere Stürme. „Ich rechnete fest damit, eines Morgens bei der Ankunft zu entdecken, dass einer der Schornsteine fehlte", erinnert sich Cameron. Doch nichts dergleichen geschah. Wie überhaupt selbst heftige Orkane auf See kaum je Schornsteine eines Schiffes beschädigen. Warum also brach der vordere Schornstein der *Titanic* ab, als der Dampfer zu sinken begann? Und wieso stürzten die anderen drei nicht gleichzeitig?

Die Schornsteine waren durch schwere Streben bis hinunter zum Bootsdeck stabilisiert. Während der letzten Minuten vor dem Untergang hatten Mannschaftsmitglieder versucht, die beiden Notboote auf dem Dach des Offizierslogis am Fuße des vorderen Schornsteins klarzumachen. Die Boote lösten sich zwar aus ihren Halterungen und fielen auf Deck, die Seeleute konnten sie aber nicht in die Davits einhängen und abfieren. Bei den Dreharbeiten zu dieser Szene fiel Cameron auf, dass die Stützen den Zugang zu den Davits blockierten. Möglicherweise also waren beim verzweifelten Versuch, die Boote abzufieren, vom Ersten Offizier Murdoch oder vom Zweiten Offizier Lightoller die Stützen irgendwie gelockert oder durchtrennt worden.

Zunächst wurde angenommen, dass sich die Dehnungsfuge hinter dem vorderen Schornstein beim Sinken des Schiffes sehr erweitert hatte. Mit der Folge, dass die Halterung überdehnte, die Streben rissen, und der bereits stark geneigte Schornstein umstürzte. Wegen seiner elliptischen Form hätte er freilich eher zur Seite als nach vorn kippen müssen. Außerdem ragten die Schornsteine leicht schräg nach hinten, wodurch sie, wenn der Bug einsank, vollkommen aufrecht und besonders stabil standen. Cameron war sicher, dass der erste Schornstein zum Zeitpunkt seines Einsturzes „kerzengerade" gewesen war.

Er war wahrscheinlich abgebrochen, weil seine Verankerung abriss, als das im Bug einströmende Wasser das Vorschiff überlastete und die Aufbauten überzog. Nach den Verformungen am Wrack zu urteilen, waren die Seitenwände zusammengebrochen. Da das Schiff bereits Schlagseite nach Backbord hatte, war mit ziemlicher Sicherheit auch der Schornstein in diese Richtung gekippt. Auch dass William M. Murdoch mit seinen Bemühungen, das Notboot A an Steuerbord abzufieren, weiter war als Lightoller, spricht eher dafür, dass die Stützen an Steuerbord durchtrennt wurden.

Eben jene Streben hatten vermutlich auch etliche Davits vom Bootsdeck gefegt. Während die *Titanic* versank, lösten sich auch die anderen drei Schornsteine aus der Verankerung, blieben aber mit den schweren Streben verbunden. Die Schornsteine selbst waren leicht und innen hohl, sie sanken in einer Art Fallschirmeffekt langsamer als der Rest des Schiffes. Die schweren Stützen jedoch polterten über das Bootsdeck und rissen ein Davit nach dem anderen mit sich – das würde auch erklären, warum die Kräne heute ineinander verkeilt auf einem Haufen am Meeresgrund liegen.

Wo blieb die große Freitreppe?

Das Wrack gibt weiter Rätsel auf, etwa das spurlose Verschwinden der großen Freitreppe aus dem gut erhaltenen Vorschiff. Obwohl James Cameron den Treppenschacht bis zum Grund untersuchte, fand er keine Spuren des Geländers aus massiver Eiche oder Reste des Schmiedegitters von den Brüstungen. Auch das Treppenhaus am Set des *Titanic*-Films wurde während der Dreharbeiten geflutet. Dabei löste es sich vollständig aus seiner Verankerung. Könnte sich auf der *Titanic* Ähnliches abgespielt haben? Jack Thayer, Passagier der Ersten Klasse, sah nach dem Einsinken des Vorschiffs etwas aus dem Wasser ragen, was er irrtümlich für den Bug hielt. War es vielleicht die Freitreppe? Joseph Scarrott, einer der Seeleute, gab vor dem britischen Untersuchungsausschuss zu Protokoll, dass Rettungsboot Nummer 14 einen Seemann aufgefischt habe, der „auf einem Stück Treppe trieb. Es war jedenfalls ein großes Wrackteil, das aus dem Schiff herausgeschwemmt worden war. Es war aus Holz. Es sah aus wie eine Treppe."

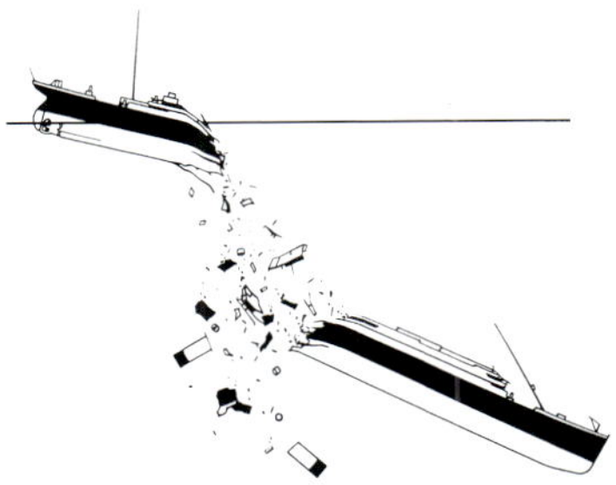

Was geschah mit dem Vorschiff?

Nachdem die *Titanic* zerbrochen war, glitt der Bug schräg zum Meeresboden. Der Mast wurde dabei nach hinten gedrückt und zerschlug vermutlich das Ruderhaus. Wasser drang in die Offiziersquartiere, die Vorderwände der Decksaufbauten barsten.

Das Vorschiff setzte in schrägem Winkel knapp unter der Vorpiek auf. Dabei grub sich die Schiffsnase tief in den Boden, und der Rest des Rumpfes stürzte herab. Schlamm spritzte meterhoch auf, mächtiger Druck lastete auf dem Abschnitt vor den Decksaufbauten. Unter dem Einfluss der gewaltigen Kräfte wurde das Vorschiff gestaucht, wobei sich mehrere Decks ineinander schoben und die Seitennähte zu platzen drohten. Das Einwirken jener Kräfte lässt sich besonders auf dem D-Deck beobachten, wo die Träger verbogen sind wie dünne Drähte. Beim Aufprall wurde außerdem das Wasser aus dem Schiffsrumpf gepresst. Die Seitenwände unter dem Welldeck gaben nach, und auf dem Freideck der Dritten Klasse riss es die Tischplatten von ihren Gestellen. Vermutlich sprengte das Wasser auch die Stahlabdeckung von der Ladeluke Nummer eins. Sie wurde weggeschleudert und ist das einzig nennenswerte Fundstück vor dem Bug. Das gesunkene Vorschiff ist durch seine Neigung nach wie vor großen Belastungen ausgesetzt. Massiver Druck liegt auf den Decks und auf der Schiffshaut.

Viele Fragen zur *Titanic* aber bleiben offen. „Ihr Aufbau war sehr kompliziert", meint Jim Cameron. „Wir werden vermutlich nie alles darüber erfahren."

Als das Schiff beim Aufprall gestaucht wurde, verformten sich die Träger zwischen den Decks. Der Wasserdruck sprengte die Stahlklappe von der Ladeluke auf dem Vordeck

NAMENS- UND SACHREGISTER

Hinweise auf Illustrationen und Fotografien sind in kursiven Seitenzahlen gedruckt. Die Namen von Schiffen sind ebenfalls kursiv gedruckt.

BIBLIOGRAFIE

Ballard, Robert D.: *Die Suche nach der Titanic*, Tessloff Verlag, Nürnberg 1988

Beesley, Lawrence: *Titanic – Wie ich den Untergang überlebte*, Verlag Goldmann 1998

Geller, Judith B.: *Titanic – Frauen und Kinder zuerst*, Verlag Delius Klasing 1999

Gracie, Archibald/Thayer, John B.: *Titanic*, Lübbe Verlag 1998

Von der Ley, Holger/Wetterholm, Claes-Göran: *Expedition Titanic. Auf der Suche nach einem Mythos*. Verlag Franck-Kosmos 1997

Lord, Walter: *Titanic – Wie es wirklich war. Die Geschichte des Luxusliners*. Heyne Verlag 1998

Lynch, Donald: *Titanic – Königin der Meere. Das Schiff und seine Geschichte*. Heyne Verlag 1997

Marschall, Ken: *Ken Marschalls Titanic*, Heyne Verlag 1998

McCaughan, Michael: *Die Geburt einer Legende – Entstehung und Bau der Titanic*, Verlag Delius Klasing 1999

McCluskie, Tom: *Titanic im Detail – Konstruktionszeichnungen und Originalaufnahmen*, Bechtermünz Verlag Augsburg

Parisi, Paula: *James Cameron und Titanic*, Heyne Verlag 1998

Pellegrino, Charles: *Die letzte Fahrt der Titanic – Eine Legende gibt ihr Geheimnis preis*, Verlag Droemer Knaur 1998

Schneider, Wolf: *Mythos Titanic – Das Protokoll der Katastrophe*, Bechtermünz Verlag 1996

Tanaka, Shelley/Marschall, Ken: *Auf der Titanic – Augenzeugen berichten*, Carlsen Verlag 1996

U.S. Senate, *Subcommittee Hearings of the Committee on Commerce, 62nd Congress. Titanic Desaster*. Washington D.C.: Government Printing Office 1912

Wreck Commissioner's Court, *Proceedings before the Right Honourable Lord Mersey, on a Formal Investigation Ordered by the Board of Trade into the Loss of the S.S. „Titanic"* 1912

ZEITSCHRIFTEN: *Engineering, Harper's Weekly, Popular Mechanics, Titanic Commutator, Woman's Own*

ZEITUNGEN: *Bismarck Tribune, Bournemouth Daily Echo, Detroit News, Hollywood Reporter, Minot Daily News, New York Times, Portland Oregonian, Seattle Post-Intelligencer*

INFORMATIONEN IM INTERNET

Enzyklopädisches über die *Titanic*:
www.encyclopedia-titanica.org

James Camerons *Titanic*-Expedition 2001 –
„Was wir erlebten und im Wrack sahen", von Ken Marschall:
www.marconigraph.com

Untersuchungen zur *Titanic:*
www.titanicinquiry.org

„Auf See mit Dave Gittins":
www.users.senet.com.au/~gittins

„Dienst auf der Brücke: Offiziere der *RMS Titanic*", von Kerry Sundberg und Inger Sheil:
www.geocities.com/Athens/Delphi/2622

ORGANISATIONEN

British Titanic Society
P.O. Box 401
Hope Carr Way
Leigh
Lancashire WN7 3WW
England

Titanic Historical Society Inc.
P.O. Box 51053
Indian Orchard, Mass. 01151-0053
USA
www.titanichistoricalsociety.org

BILDNACHWEIS

Wir haben uns gründlich bemüht, alle in diesem Buch gezeigten Bilder richtig zuzuordnen. Sollte uns trotzdem dabei unwissentlich ein Fehler unterlaufen sein, werden wir ihn in künftigen Ausgaben korrigieren.

Die Rechte für Farbfotos und Computergrafiken in diesem Buch liegen – sofern keine anders lautenden Verweise vorliegen – bei Walden Media, LLC (© 2003). Der Nachdruck erfolgt mit der Genehmigung von Walden Media, LLC aus dem 3-D-Film „Ghosts of the Abyss". Falls nicht anders gekennzeichnet, stammen die abgedruckten Gemälde von Ken Marschall.

ABKÜRZUNGEN:

BB Brown Brothers
BTSA Booth-Titanic Signals Archive
CE The Cork Examiner
DLC Don Lynch Collection
FBC Fr. Browne SJ Collection
ILN Illustrated London News
KMC Ken Marschall Collection
NMR National Monuments Record, U.K.
UFT National Museum and Galleries of Northern Ireland, Ulster Folk & Transport Museum

Fotovermerke nach Seiten. Anordnung im Layout: l. = links, r. = rechts, o. = oben, m. = Mitte, u. = unten

Titel: Titel-Entwurf von Concept Arts
Vorsatz vorn und hinten: Vancouver Maritime Museum
Seite 5: FBC

1. Kapitel
S. 12: Peter Christopher
S: 13: FBC
S. 14: FBC: l.; Courtesy of the Board of Trustees of the National Museums & Galleries on Merseyside (Merseyside Maritime Museum): r.
S. 15: UFT: o.; KMC (3): u.
S. 17: mit freundlicher Genehmigung Jeremy Nightingale: o.; BB: u.
S. 18: FBC: l.; CE: r.
S. 19: Robert D. Ballard
S. 20: The Sphere/KMC: o. (2); S. S. *Olympic*, Byron Collection, Museum of the City of New York: l.u.; National Maritime Museum/KMC: r.o; KMC: r.u.
S. 21: BTSA: l.; BB: m.; FBC: r.
S. 22: BB: l.o.; DLC: m.o.; Privatbesitz: r.o.
S. 22–23: ILN/KMC
S. 23 o.: KMC
S. 24: The Shipbuilder: l.; George Behe Collection: r.
S. 27: The Sphere/KMC
S. 28: Parks Stephenson Collection: l.; BTSA: r.
S. 29: The Mariners' Museum, Newport News, VA
S. 30: DLC
S. 32: mit freundlicher Genehmigung Randy Bryan Bigham: l.; ILN/DLC: m.; New York Public Library: r.

2. Kapitel
S: 37: Don Lynch.
S. 38 r.: Don Lynch.
S. 43: Charlie Arneson.
S. 44: Don Lynch.

3. Kapitel
S. 53: KMC
S. 54 o.: UFT
S. 55:KMC: l.o.; BB: l.u.
S. 56: ILN/KMC: l.o.; FBC: r.o.

S. 57: UFT: l.o. und l.m; ILN/KMC: l.u.
S. 58: BB: l.u.; FBC: r.u.
S. 59 l.u.:UFT
S. 60 l.o.: FBC
S. 64 o.: NMR/UFT (Fotomontage)
S. 65 r.u.: Peabody Essex Museum
S. 66: Library of Congress: r.o.; BB: r.u.
S. 68 l.u. und r.u.: KMC
S. 69 r.o.: NMR
S. 70 o.: UFT
S. 71: BB: l.u.; National Maritime Museum: r.o.
S. 72 m.: NMR
S. 74: Library of Congress: l.; UFT: m.u.
S. 75 l.: National Maritime Museum
S. 76 l.o.: KMC
S. 78 u.: KMC
S. 80 o.: KMC
S. 81 l.: NMR

4. Kapitel
S. 88: r.: Don Lynch.

5. Kapitel
S. 96: CE: o.; mit freundlicher Genehmigung Jeremy Nightingale: u.
S. 98: KMC: l.o.; The Shipbuilder: r.
S. 100: S. S. *Olympic*, Byron Collection, Museum of the City of New York: m.u.; Titanic Historical Society: r.u.
S. 101 o.: NMR
S. 102 o.: NMR
S. 103: CE: o.; BB: l.u.

S. 104: NMR: l.u.; mit freundlicher Genehmigung Akzo Nobel/Foto Ken Marschall: r.u.
S. 105 l.u.: NMR
S. 106: mit freundlicher Genehmigung Randy Bryan Bigham: l.; NMR: r.
S. 108 u.: The Sphere/KMC
S. 110 o.: UFT

6. Kapitel
S. 119: o.: Bettmann/Corbis/Magma.
S. 122: links: CE.

7. Kapitel
S. 124 u.: UFT
S. 127: UFT: l.; 1911 Standard Baths and Plumbing Fixtures catalogue, Miller and Anderson Collection, Handley Regional Library, Winchester, VA: r.o.; ILN/DLC: r.u.
S. 129: UFT
S. 130 o.: UFT
S. 131 l.: UFT

NACHWORT
S. 132, 133: Peter Christopher.

Titanic – damals und jetzt
S. 134: KMC: l.o. und l.u; UFT: r.o.; National Maritime Museum: r.u.
S. 135: KMC: l.o. und m.r.; Peabody Essex Museum: r.o.; The Sphere/KMC: m.l.; BB: m.; ILN/KMC: u.
S. 136: Ken Marschall
S. 137 m.: Ken Marschall

Drucke von Ken Marschalls Gemälden sind erhältlich über: Trans-Atlantic Designs, P.O. Box 539, Rodondo Beach, CA 90277, USA (www.transatlanticdesigns.com).

WIR SAGEN DANKE

Vielen bin ich für ihre unschätzbare Hilfe verbunden. In allererster Linie gilt mein Dank natürlich Jim Cameron. Er hat dieses Erlebnis überhaupt erst möglich gemacht. Wie es auch dieses Buch ohne seine Unterstützung nicht gäbe. Dann möchte ich Ed W. Marsh von EarthShip Productions erwähnen mit seinem enzyklopädischen Wissen: Er hat keine unserer zahlreichen Fragen unbeantwortet gelassen. Und manchem anderen aus der Expedition bin ich ebenso verpflichtet. Wann immer mich meine Erinnerung oder Notizen im Stich ließen oder ich einfach keine Erklärung für etwas fand, halfen sie aus: Dank an Adrian DeGroot, Jason Paul, Belinda Sawyer und Eric Schmitz, nicht zu vergessen auch George Behe, Randy Bryan Bigham, Claudia Huerta, Ed Kamuda und Elizabeth Stanton.

Über alle Maßen dankbar bin ich jenen Überlebenden der *Titanic*-Katastrophe, deren schriftlich überlieferte Erinnerungen ich auswerten durfte: Karl Behr, Washington Dodge, Marie Jerwan, Elmer Taylor und John B. Thayer. Ganz besonders stehe ich in der Schuld derer, die heute leider nicht mehr unter uns sind und mir schon vor etlichen Jahren ihre Erlebnisse erzählten: Olaus Abelseth, Bertram Dean, Ruth Becker Blanchard, Washington Dodge Jr., Edith Brown Haisman, Edwina Troutt MacKenzie, Eileen Lenox-Conyngham Schefer, Nelle Snyder und Winifred Quick Van Tongerloo. Schließlich möchte ich mich bei der *Titanic*-Überlebenden Millvina Dean bedanken für ihren Rat und ihre Freundschaft.

— *Don Lynch*

Vielen Dank, Jim, für deine Vision und deine Freundschaft, ohne die ich diese unvergessliche Reise nie hätte miterleben dürfen. Mein Dank geht auch an Parks Stephenson für seine gründliche Beschäftigung mit den Videos aus dem Marconi-Raum des Wracks – erst seine Erklärungen machten die Nachbildungen am Computer möglich und verständlich; an Ed Marsh von EarthShip für ständige Hilfe; an Ellen O'Brien für ihre fachkundige Unterstützung bei der Bildbearbeitung; an Adrian DeGroot und Stephen Pavelski von der Abteilung für Computergrafik bei EarthShip, die die große Freitreppe und den Empfangssaal bildlich in alter Pracht wieder entstehen ließen; an Al Lopez von Creative Logik Universe, LLC, und Mike Enriquez von CLU für ihre Hilfe bei der visuellen Rekonstruktion des Marconi-Raums und des „Raumes der Stille"; und auch an Claudia Huerta und Justin Shaw, die in den Bilderbergen immer fanden, was wir gerade suchten.

— *Ken Marschall*

Madison Press Books dankt James Cameron für seinen einleitenden Beitrag sowie Ed Marsh und seinem Team von EarthShip für ihre unschätzbare Unterstützung zu diesem Buch. Besonderer Dank auch an Debbie Kovacs von Walden Media, T. Kenneth Anderson vom Ulster Folk & Transport Museum, Edwin Davison von Davison & Partner, Rebecca Ebert vom Stewart Bell Jr. Archiv, Chuck Comisky, Randy Bryan Bigham, Jeremy Nightingale und Kathryn Dean.

SIE NAHMEN AN JAMES CAMERONS *TITANIC*-EXPEDITION 2001 TEIL:

AN BORD DER *KELDISCH*

Lewis Abernathy
Ron Allum
Charlie Arneson
Dennis Baxter
John Bruno
Mike Cameron
Jim Cameron
John David Cameron
Todd Cogan
Adrian DeGroot
Piet De Vries
Anton Floquet
Alan Gitlin
Mark Goodwin
Daniel Greenwald
Dale Hunter
Andy Johnson
Lori Johnston
George Kallimanis
Jeff Ledda
Don Lynch
Michael Maltzman
Ken Marschall
Ed Marsh
Barbara Medlin
Pat Miller
Tim Murphy
Vince Pace
Sven Pape
Jason Paul
Bill Paxton
Charlie Pellegrino
Gig Rackauskas
Marc Robinson
Rich Robles
Belinda Sawyer
Eric Schmitz
Kristie Sills
Tava Smiley
Kathe Swanson
Andrew Wight
Randy Wimberg

Besonderer Dank an Schenja Tschernijew, Anatolij Sagaljewitsch und alle Mitglieder der *Keldisch*-Besatzung.

AN BORD DER *MT EAS*

John Broadwater
Mark Heinrich
Corey Jaskolski
Ben Kinnaman
Peter McKibbin
Russell Passmore
Tom Prince
Steven Saint-Amour
Ralph White

Herausgeber der Originalausgabe: Hugh Brewster
Stellvertretende Herausgeberin: Wanda Nowakowska
Projektleitung: Hugh Brewster und Wanda Nowakowska
Lektorat: Kathryn J. Dean
Assistenz: Imoinda Romain
Art Director: Gordon Sibley
Gestaltung: Jennifer Lum
Herstellungsleitung: Susan Barrable
Herstellung: Sandra Hall
Bildbearbeitung: Ken Marschall, Ellen O'Brien, Colour Technologies
Bildredaktion: Ed W. Marsh
Computergrafik: EarthShip Productions, Creative Logik Universe
Druck und Bindung der Originalausgabe: EuroGrafica S.p.A., Vicenza

Titel der Originalausgabe: „Ghosts of the Abyss".
Das Buch wurde produziert von Madison Press Books,
unter der Leitung von Albert E. Cummings

Hergestellt in Zusammenarbeit mit Walden Media.
Verlag: Da Capo Press, Mitglied der Perseus Books Group,
Cambridge, MA 02142, USA
www.dacapopress.com WALDEN MEDIA